TEGAOYA SHUDIAN XIANLU YUNWEI JIANXIU JISHU

特高压输电线路
运维检修技术

国网浙江省电力有限公司　组编

中国电力出版社
CHINA ELECTRIC POWER PRESS

内 容 提 要

为了普及特高压输电线路基本知识，指导特高压输电线路运检人员更好地掌握实际工作中的要领、更好地处置工作中遇到的常见典型问题，提高运检人员的专业技术、技能和综合素质，提升特高压线路安全运行水平，提高抵御自然灾害和人为损坏的能力，特编制本教材。

本书的主要内容包括特高压输电现状、特高压线路组成、特高压线路故障及预防、特高压线路运维管理、特高压线路检修管理、特高压线路应急抢修、特高压线路停电检修、特高压线路带电检修及特高压线路主要典型异常及故障分析处理。

本书可作为特高压输电线路运检工作的基础培训教材、特高压输电线路运检管理的业务指导书及学习资料，也可作为大专院校相关专业的自学用书与阅读参考书。

图书在版编目（CIP）数据

特高压输电线路运维检修技术 / 国网浙江省电力有限公司组编 . —北京：中国电力出版社，2020.11
ISBN 978-7-5198-4846-0

Ⅰ．①特…　Ⅱ．①国…　Ⅲ．①特高压输电—输电线路—电力系统运行②特高压输电—输电线路—维修　Ⅳ．① TM726

中国版本图书馆 CIP 数据核字（2020）第 145342 号

出版发行：中国电力出版社
地　　址：北京市东城区北京站西街 19 号（邮政编码 100005）
网　　址：http://www.cepp.sgcc.com.cn
责任编辑：孙　芳
责任校对：黄　蓓　常燕昆
装帧设计：赵姗姗
责任印制：吴　迪

印　　刷：三河市航远印刷有限公司
版　　次：2020 年 11 月第一版
印　　次：2020 年 11 月北京第一次印刷
开　　本：787 毫米×1092 毫米　16 开本
印　　张：14
字　　数：307 千字
印　　数：0001—1500 册
定　　价：68.00 元

前　言

目前，中国的特高压输变电工程已投入商业运行多年，处于国际领先水平。到2020年，国家电网有限公司将建成"五纵五横"特高压电网，具备4.5亿kW的跨区域输送能力。巴西美丽山二期项目标志着中国特高压技术再次取得重大突破，正在走向全世界。

随着特高压电网的不断发展，特高压输电距离、输送容量及电压等级不断创新高，特高压输电线路的运行维护工作就显得格外重要，对特高压输电运维人员的技术技能水平也提出了更新、更高的要求。

本书的编写，是基于输电线路运维人员对特高压输电线路的基本认知，对特高压输电线路运维人员岗位能力的巩固提升，同时对已开展的特高压系列专项培训的教学总结。旨在帮助特高压输电线路运维人员更好地掌握实际工作中的要领、更好的处置工作中遇到的常见典型问题，从而提升其专业技术、技能和综合素质，为特高压电网的安全稳定运行提供有力支撑。

本书共分八章，第一章介绍特高压输电现状；第二章介绍特高压线路组成；第三章介绍特高压线路故障及预防；第四章介绍特高压线路运维；第五章介绍特高压线路停电检修管理；第六章介绍特高压线路停电检修作业；第七章介绍特高压线路带电检修；第八章介绍了特高压线路典型缺陷分析及处理。

本书由具有丰富现场运维检修经验的技术技能专家和丰富教学经验的专业培训师编写。第一章，邓益民、苏良智；第二章，苏良智、王文廷；第三章，苏良智、邓益民；第四章，姜文东、丁建；第五章，黄建峰、吴坤祥；第六章，吴坤祥、刘红鑫；第七章，周啸宇、谭益民；第八章，汪建勤、李健。

本书在编写过程中，得到了公司系统相关单位及人员的大力支持，在此一并致以衷心的感谢。

由于编写人员水平有限，书中错误和不足之处在所难免，恳请专家和读者批评指正。

编者

2020 年 8 月

目　录

第一章

概　　述

世界电力工业发展的历史表明：用电需求持续增长推动电网规模不断扩大、电压等级不断提升。500kV 电网有力支撑了我国近 30 年经济社会发展，但我国能源资源与需求呈逆向分布，可用能源资源远离需求中心，70％以上的能源需求集中在中东部，而 76％的煤炭资源集中在北部和西北部，80％的水能资源集中在西南部，陆地风能和太阳能等新能源也大量分布在西北部，供需相距 800～3000km。现有 500kV 电网面临着远距离、大容量输送能力不足，走廊资源紧缺等瓶颈制约，亟待升级至特高压等级。

特高压输电具有输电容量大、距离远、效率高、损耗低、节约土地资源、节约总体工程造价等优势，在已有的、强大的超高压电网之上覆盖一个特高压输电网，可以把送端和受端之间的超高压电网形成坚强的互联电网，以减少超高压输电的网损，提高电网的可用性，使整个电力系统能继续扩大覆盖范围，并更经济、更可靠地运行，更有利于促进大水电、大煤电、大核电和大型可再生能源基地的集约化开发，实现更大范围的资源优化配置，缓解环境压力，节约宝贵土地资源，具有显著的经济效益和社会效益，符合我国国情和国家能源发展战略。

第一节　国内外特高压输电发展历程

一、线路电压等级的划分

输电系统的电压等级一般分为高压、超高压和特高压。国际上，对于交流输电系统通常把 35～220kV 的输电电压等级称为高压（HV），把 330～750（765）kV 的输电电压等级称为超高压（EHV），而把 1000kV 及以上的输电电压等级通称为特高压（UHV）。

对于直流输电系统，通常把±660kV 及以下电压等级的直流输电系统称为高压直流输电系统（HVDC），±800kV 及以上电压等级的直流输电系统称为特高压直流输电系统（UHVDC）。

二、线路输送距离与容量

线路输送容量就是电力线路在正常情况下允许输送的最大功率。由于电力线路输送的功率与电能质量、电能损耗、导线的允许温升以及电力系统的稳定性等因素有关，所以线路输送容量是根据技术、经济等多方面因素综合判断而确定的，并且因线路的长度不同、在系统中的地位不同所考虑的着重点也不同。不同电压等级交直流输电线路的输送容量与输送距离的关系，如表1-1所示。

表 1-1 　　　　　　　不同电压等级交直流输电线路输送容量与输送距离的关系

电压等级（kV）	500 以及下	750～1150	±500	±660		±800
额定容量（MW）	≤1200	2000～2500	3000	3960	7200	9000
输电距离（km）	≤600	—	<1000	1000～1400	1400～2500	2500～4500

三、国内特高压发展情况

我国从1986年开始，将特高压输电技术研究连续列入国家"七五""八五"和"十五"科技攻关计划，为特高压技术研究积累了宝贵经验。特高压交流输电技术研发先后列入《国家中长期科学和技术发展规划纲要》和"十一五"国家科技支撑计划。西北750kV输变电国产化示范工程的顺利投产和三峡送出±500kV直流输电工程的成功实践，使我国输变电设备的制造能力和水平有了很大提高，为特高压技术装备研发和应用创造了条件。

2005年，国家电网坚持自主创新，以科学严谨的态度，启动了特高压交、直流输电工程关键技术研究和可行性研究。组织国内科研、设计、制造、建设等单位和高等院校，对特高压输电关键技术开展了全面的研究，研究内容包括系统稳定、电磁环境、过电压与绝缘配合、外绝缘特性、设备制造、试验技术和运行等方面，并与国际相关部门开展技术交流和咨询，取得了丰硕的成果。这些成果在特高压工程的设计、建设、运行和设备制造中得到了实施、应用和验证。

2005年2月，国家发展和改革委员会下发了《关于开展百万伏级交流、±800kV级直流输电技术前期研究工作的通知》（发改办能源〔2005〕282号）。经过一年多的研究论证，2006年8月9日，晋东南—南阳—荆门1000kV特高压交流试验示范工程正式获得批准。2011年底，晋东南—南阳—荆门特高压交流扩建工程成功投运，进一步验证了特高压交流的输电能力和安全性、经济性、优越性。我国已具备大规模应用特高压交流输电技术的条件。

在直流输电方面，2007年4月，云南—广州和向家坝—上海±800kV特高压直流示范工程正式获得批准，标志着我国特高压输电工程全面进入实施阶段。该工程2010年7月8日投运，标志着我国电网全面进入特高压交直流混联电网时代。

2015年12月28日，±1100kV准东—皖南（昌吉—古泉）特高压直流输电工程获得国家发改委核准，成为目前世界上电压等级最高特高压输电工程。国家电网在成功突破±800kV直流输电技术的基础上，此次实现了±1100kV电压等级的全新跨越，输送容量从640万kV上升至1200万kV，经济输电距离提升至3000～5000km，每千千米输电损耗降至约1.5%，堪称当今技术水平最先进的特高压输电工程。

四、国外特高压发展情况

美国电力公司（AEP）、美国邦纳维尔电力局（BPA）、日本东京电力公司和巴西等国的公司，于20世纪60年代末～70年代初根据电力发展需要开始进行特高压输电可行性研究。在广泛深入调查和研究的基础上，先后提出了特高压输电的发展规划和初期特高压输变电工程的预期目标及进度，但在建设及运行中的特高压为数不多。

（一）美国

美国 BPA 电力公司，在 20 世纪 70 年代计划于 1995 年建成第一条 1100kV 线路，输送功率 6000MW，经过五年后再建一条 1100kV 远距离、大容量输电线路。美国 AEP 电力公司为了减少输电线路走廊用地和环境问题，规划在已有的 765kV 电网之上叠加一个 1500kV 特高压输电骨干电网，大幅度提高跨州大容量、远距离输电能力，并断开现有的部分 765kV 远距离输电线路，缩短 765kV 输电距离，以进一步提高其输电能力，并提高整个电网的输电安全性和可靠性。1977 年后美国的用电增长速度大幅度下降，停建了大批核电厂及部分火电厂，电网没有发展远距离大容量输电工程的必要，因而暂时停止了特高压输电技术的研究工作。

（二）日本

1988 年秋动工建设 1000kV 特高压线路。1992 年 4 月 28 日建成从西群马开关站到东山梨变电站的西群马干线 138km 线路，1993 年 10 月建成从柏崎刈羽核电站到西群马开关站的南新泻干线 49km 线路，两段特高压线路全长 187km，目前均以 500kV 电压降压运行。1999 年完成东西走廊从南磐城开关站到东群马开关站的南磐城干线 194km 和从东群马开关站到西群马开关站的东群马干线 44km 的建设，两段特高压线路全长 238km。目前日本共建成特高压线路 426km，由于国土狭小，日本特高压线路全部采用双回同杆并架方式。

（三）巴西

2014 年 2 月 7 日，国家电网与巴西中央电力公司（Eletrobras）以 51％∶49％股比组成的联营体，成功中标巴西美丽山水电特高压直流送出项目。这是国家电网在海外中标的首个特高压直流输电项目，标志着中国特高压技术"走出去"取得重大突破。项目工程范围包括一回 2092km 的 ±800kV 输电线路及两端换流站。

2015 年 7 月 17 日，国家电网独立参与巴西美丽山水电 ±800kV 特高压直流送出二期特许经营权项目（以下简称"美丽山二期项目"）竞标，成功击败了实力雄厚的巴西国家电力公司和西班牙奥本加集团，中标项目 30 年特许权经营权。这是继美丽山一期项目之后，国家电网在海外中标的第二个特高压输电项目，也是首个在海外独立开展工程总承包的特高压输电项目。项目运作将采用投资＋总承包＋运营的模式操作，标志着中国特高压技术、装备和工程总承包"走出去"再次取得重大突破。项目工程将新建一回 2518km 的 ±800kV 特高压直流输电线路、两端换流站及相关配套工程，计划于 2020 年正式投入运行。

第二节 特高压线路建设现状

"十二五"期间是我国特高压电网发展的重要阶段，在特高压交流试验示范工程的基础上，国家电网于2011年初提出建设"三华"电网的战略规划，需加快"三华"特高压交流同步电网建设，形成"三纵三横一环网"。

到2015年，华北、华中、华东特高压电网已形成"三纵三横"网架结构。锡盟、蒙西、张北能源基地通过三个纵向特高压交流通道向"三华"送电；北部煤电、西南水电通过三个横向特高压交流通道向中东部负荷中心送电。配合西南水电、西北华北煤电和风电基地开发，已建设锦屏—江苏等直流输电工程。青藏直流联网工程，满足西藏供电，实现西藏电网与西北主网联网。

截至2019年底，国家电网投运特高压交直流线路67回，长度共计31000余千米，覆盖华东电网、华中电网、华北电网和西北电网，涉及22个省、直辖市。其中1000kV线路56回10900余千米，±800kV线路10回17000余千米，±1100kV线路1回3200余千米。

第三节　特高压电网展望

"十三五"期间，国家电网将从电网格局、建设质量、大电网安全以及创新发展等目标入手，构建更安全、高效、坚强的电网。2017年，已全面建成纳入国家大气污染防治行动计划的"四交四直"和酒泉—湖南特高压直流工程。到2020年，我国现有电网格局将实现重大变化，现有的华北、华中、华东、东北、西北等交流同步电网，将互联整合为东部、西部两大电网。其中，西部电网由西部不同资源类型的电网互联形成，东部电网则主要是东部主要受电地区电网互联形成。不仅可以解决中西部地区电力消纳的问题，也可以让东南沿海等用电集中地区的用电需求得到满足，从一定程度上限制石化能源发电的扩张。预计到2025年，建设东部、西部电网同步联网工程。

对于全球能源互联网计划，未来几十年将是构建全球能源互联网的关键期，总体分为国内互联、洲内互联、洲际互联三个阶段。到2020年，各国清洁能源开发和国内电网互联将加快推进，各国的电网配置能力、智能化水平和清洁能源比重大幅提高。从2020年到2030年，推动洲内大型能源基地开发和电网跨国互联，实现清洁能源在洲内大规模、大范围、高效率优化配置。从2030年到2050年，加快"一极一道"能源基地开发，基本建成全球能源互联网，在全球范围实现清洁能源占主导目标，全面解决世界能源安全、环境污染和温室气体排放等问题。

届时，全球能源互联网将成为世界上最大的能源供应系统，从根本上解决目前面临的弃水、弃风、弃光等问题，使全球清洁能源比重达到80%，全球每年可生产出66万亿kWh的清洁电能，这一数字比2010年增长近10倍，每年可替代相当于240亿t标准煤的化石能源，减排二氧化碳670亿t。碳排放可控制在115亿t左右，仅为1990年的一半，能够实现全球温度上升控制在2℃以内的目标。长期困扰人类发展的能源环境问题将得到有效解决，能够将亚洲、非洲、南美洲等地区的资源优势转化为经济优势，缩小地区发展差异，让人人享有可持续能源。

第二章

特高压线路组成

特高压线路与高压、超高压线路的组成基本相同，由基础、杆塔、导地线、绝缘子、金具、接地装置、附属设施七部分组成。特高压直流线路还有与之配套的接地极系统。

第一节 基　　础

基础的作用是稳定杆塔，能承受杆塔、导线、架空地线的各种荷载所产生的上拔力、下压力和倾覆力矩。根据对已建工程统计，输电线路基础工程施工工期约占整个工程 50%，运输量约占整个工程 60%，费用约占本体投资的 15%～20%。对于特高压交直流输电线路，因杆塔大、导线重，其基础作用力比 500kV 大 4～5 倍，也必须满足稳定性要求、变形要求和经济性要求，基础工程的优劣严重影响着线路工程的建设。其基础类型包括开挖回填类基础、掏挖类基础、岩石基础、桩基础、复合型基础五种。

一、开挖回填类基础

开挖回填类基础是在预先挖好的基坑内支模、浇筑混凝土结构，拆模后进行土体回填并将回填土夯实。此类基础以回填土作为抗拔土体保持基础上拔稳定，具有施工简便的特点，是工程设计中最常用的基础形式。根据特高压线路基础结构特征，一般分为台阶式基础、直柱板式基础、斜柱板式基础、联合式基础四种，如图 2-1～图 2-4 所示。

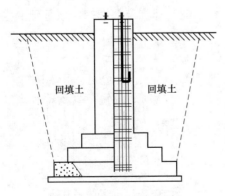

图 2-1　混凝土台阶式基础

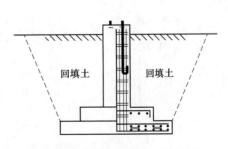

图 2-2　直柱钢筋混凝土板式基础

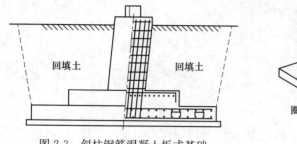

图 2-3 斜柱钢筋混凝土板式基础

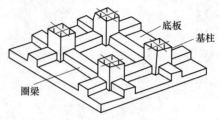

图 2-4 联合式基础

二、掏挖类基础

掏挖类基础是指以混凝土和钢筋骨架灌注于以机械或人工掏挖成的土胎内的基础，如图 2-5 所示。它以天然原状土构成抗拔土体保持基础上拔稳定，适用于在施工中掏挖和浇筑混凝土时无水渗入基坑的黏性土体和强风化岩石地基。这类基础因能充分发挥原状土承载性能，不仅具有良好的抗拔性能，而且具有较大的水平承载力。掏挖类基础具有节省材料、取消支模及回填土工序、加快工程施工进度、降低工程造价等优点，一般分为全掏挖和半掏挖两种。

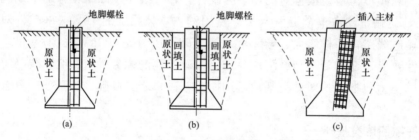

图 2-5 常用掏挖类基础

（a）直柱主全掏挖；（b）直柱半掏挖；（c）斜柱全掏挖

三、岩石基础

岩石基础是指利用岩石本身强度和抗剪强度在岩石上进行固定的基础。一般分为岩石锚杆基础（见图 2-6）、岩石嵌固基础（见图 2-7）两种。岩石锚杆基础适用于中等风化以上的整体性好的硬质岩，但需逐基鉴定岩石的完整性。岩石嵌固基础适用于覆盖层较浅或无覆盖层的强风化岩石地基，其特点是底板不配筋基坑全部掏挖，该基础上拔稳定，具有较强的抗拔承载能力。

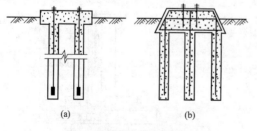

图 2-6 岩石锚杆基础图

（a）直锚式；（b）承台式

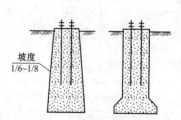

图 2-7 岩石嵌固基础

四、桩基础

桩基础是指利用原状土体抵抗基础上拔力的效力、提高地基的地耐力、增强基础的下压稳定性灌注水泥浆或混凝土的基础。一般分为钻孔灌注桩基础、微型桩基础、深桩基础三种，如图 2-8～图 2-11 所示。

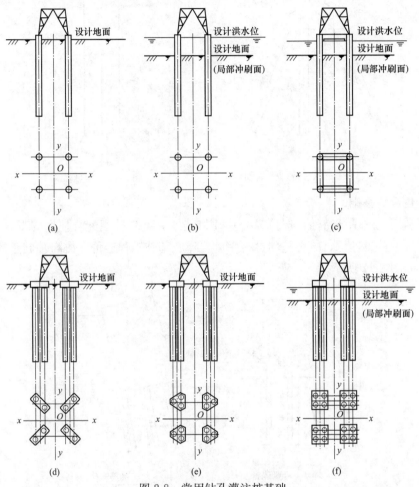

图 2-8 常用钻孔灌注桩基础

(a) 低单桩；(b) 高单桩；(c) 高桩框架；(d) 低桩承台；(e) 低桩承台；(f) 高桩承台

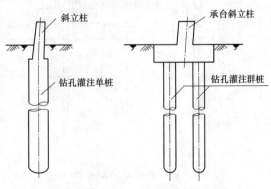

图 2-9 主柱为斜柱的钻孔灌注桩基础

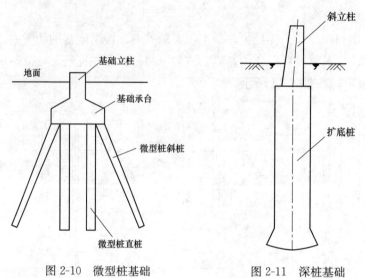

图 2-10　微型桩基础　　　　　　图 2-11　深桩基础

五、复合型基础

合理利用地层承载特性，选择锚杆基础与其他类型基础相配合使用的复合型基础，能够显著减少基础埋深，减小基础材料耗量，降低基础工程造价，提高基础整体的承载力特性，如图 2-12 所示。

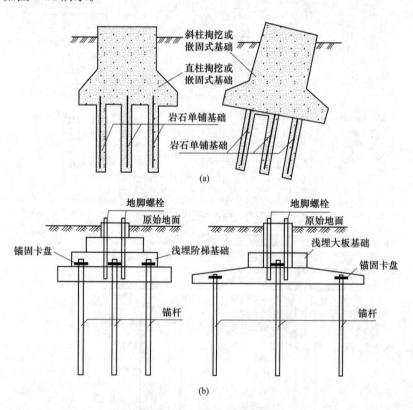

图 2-12　常用复合型基础

（a）岩石锚杆与掏挖或嵌固式基础联合使用；（b）岩石锚杆与开挖回填类基础联合使用

第二节 杆　　塔

杆塔是支承架空输电线路导线和地线，并使它们之间以及与大地之间的距离在各种可能的大气环境条件下，符合电气绝缘安全和工频电磁场限制的杆型或塔型的构筑物，其型式由塔高及塔头尺寸决定。而影响一个线路工程的技术指标主要在于直线塔，其型式（包括挂线方式、铁塔外形）直接决定了整个工程的造价。杆塔塔型除决定于使用条件外，还与电压等级、线路回数、地形、地质条件有关。特高压杆塔全高可达 80～100m，塔头尺寸比 500kV 线路铁塔大 1 倍左右，杆塔高度和重量比 500kV 线路大 1.5 倍左右。

鉴于杆塔在电网中的安全重要作用，因此定为特别重要的部件，结构重要性系数宜取 1.1，风荷载重现期不应低于 50 年，取值宜根据杆塔构件可靠度要求进行计算。

一、杆塔型号及含义

（一）杆塔型号表示方法

杆塔型号由字母及数字共六个部分组成，各部分如图 2-13 所示。

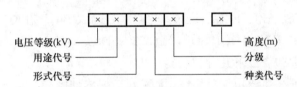

图 2-13　杆塔型号由字母及数字共六个部分组成

（二）杆塔用途分类

杆塔用途分类代号及含义见表 2-1。

表 2-1　　　　　　　　　杆塔用途分类代号及含义

代号	含义	代号	含义
Z	直线杆塔	D	终端杆塔
ZJ	直线转角杆塔	F	分支杆塔
N	耐张杆塔	K	跨越杆塔
J	转角杆塔	H	换位杆塔

（三）杆塔外形或导线布置形式

杆塔外形或导线布置形式代号及含义见表 2-2。

表 2-2　　　　　　　　杆塔外形或导线布置形式代号及含义

代号	含义	代号	含义
S	上字形	M	猫头形
C	叉骨形（鸟骨形）	V	V 字形

代号	含义	代号	含义
J	三角形	T	田字形
G	干字形	W	王字形
Y	羊角形	A	A 字形
B	酒杯形	Me	门形
SZ	正伞形	Gu	鼓形
SD	倒伞形		

二、杆塔类型

特高压线路杆塔按材料性质分为角钢塔和钢管塔。对于承受大荷载的铁塔，如采用角钢结构，直线塔的主材基本要求采用双组合结构才能满足承载力要求。因此，自立式角钢塔多用于单回路特高压交流线路和特高压直流线路，自立式钢管塔多用于双回路特高压交流线路。

（一）特高压交流线路杆塔

我国特高压交流输电线路所使用的杆塔主要塔型有 25 种，其中直线塔 13 种（SK、SKC、SZ、SZ2、SZC、SZJ、SZJC、SZK、SZKC、ZBC、ZBJC、ZBKC、ZXC），耐张塔 12 种（DJC、FHJ、JC、JFC、JHC、SDJ、SDJ322、SDJC、SFJC、SJ、SJC、SJMC）。按照回路数和功能性主要包含以下几种类型：

（1）单回路直线塔主要包括猫头塔、酒杯塔、紧凑型塔。

（2）单回路耐张塔主要为干字塔，酒杯塔也有少量使用。

（3）双回路塔主要有双回鼓型塔、伞型塔、倒伞型塔。

（4）大跨越塔主要有酒杯塔、干字塔等。

按照回路数和立塔方式主要杆塔类型如下：

1. 单回路塔

特高压交流输电线路中常见的单回路塔一般采用三相导线水平排列的酒杯塔、三角形排列的猫头塔和干字型塔。另外还有紧凑型塔、大跨越塔等，其中大跨越塔一般为钢管塔，其余塔为角钢塔。各种塔型如图 2-14 所示。

2. 双回路塔

特高压交流输电线路中常见的双回路塔主要有鼓型塔、大跨越塔等。各种塔型如图 2-15 所示。

（二）特高压直流线路杆塔

我国特高压直流输电线路所使用的杆塔主要塔型有 27 种，其中直线塔 12 种（ZC、ZC2、ZF、ZGC、ZGKC、ZJC、ZJC27101、ZJP、ZKC、ZKP、ZP28、ZP3210），耐张塔 15 种（JC、JC2、JC27104、JC30151、JC30152、JC30153、JC30301、JC30302、JC30303、JDC2710、JFC、JFGC、JFP、JP、JT22）。按照杆塔功能主要杆塔型式如下。

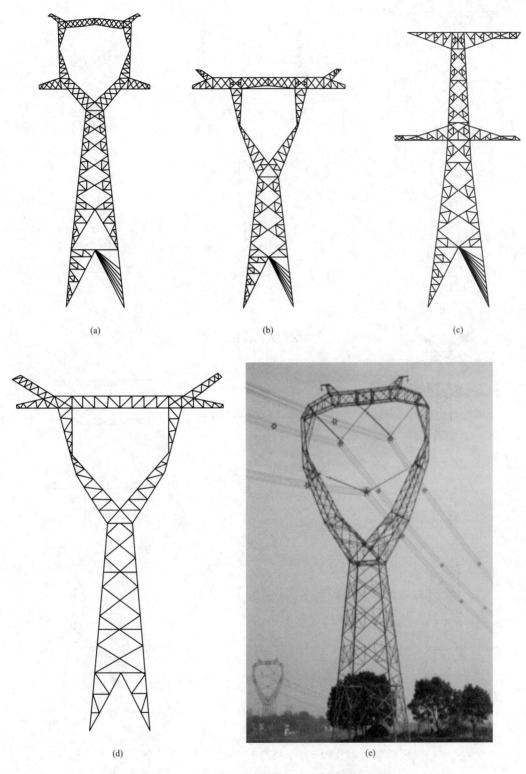

图 2-14 我国 1000kV 特高压交流线路单回路塔型

（a）猫头塔；（b）酒杯塔；（c）干字型塔；（d）黄河大跨越塔；（e）紧凑型塔

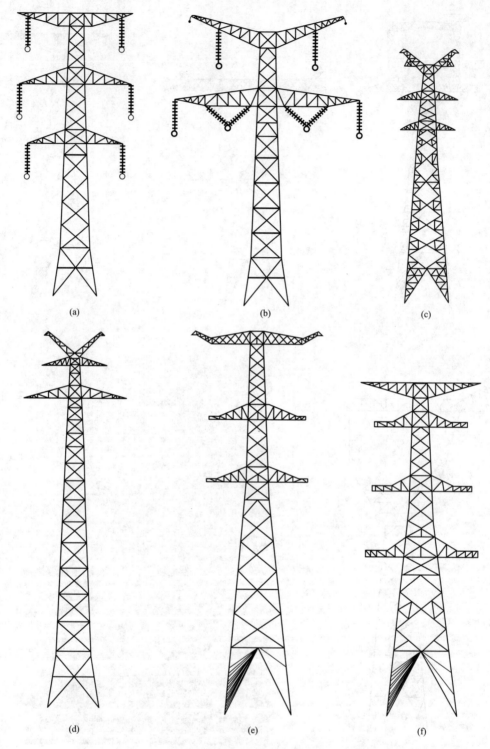

(a)　　　　　　　　　　(b)　　　　　　　　　(c)

(d)　　　　　　　　　　(e)　　　　　　　　　(f)

图 2-15　我国 1000kV 特高压交流线路双回路塔型

(a) 垂直排列直线钢管塔；(b) 三角排列直线钢管塔；(c) 双回路鼓型塔；

(d) 大跨越塔；(e) 双回路直线鼓型塔（长短腿）；(f) 双回路耐张鼓型塔（长短腿）

1. 直线塔

羊角型和干字型塔是水平排列直流线路，是国内外最常用的塔型（见图 2-16）。它们具有型式简洁、传力清楚、塔重较轻、基础费用省、运行维护方便等特点。三柱塔（见图 2-17）、单极运行的酒杯塔（见图 2-18）是为了解决在重冰区变形的最佳塔型，特别是对于微气象区（覆冰变化明显的分水岭）、岩溶区、采空区等地也应首选单极运行的酒杯塔。

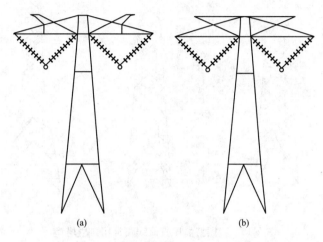

图 2-16 国内外最常用羊角型和干字型塔型
（a）羊角型塔；（b）干字型塔

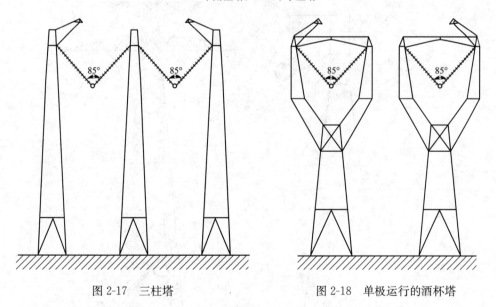

图 2-17 三柱塔   图 2-18 单极运行的酒杯塔

我国特高压直流线路常用自立直线塔型有羊角型I串、V串、大跨越塔型，如图 2-19 所示。

2. 转角塔

悬垂转角塔（见图 2-20）主要用在房屋密集、塔位较差、避让重要涉事等需用小角度改变线路走向的塔位。该种塔的采用使线路路径走线灵活，同耐张转角塔相比，基础混凝土及铁塔钢材用量小，具有较大的优越性，有经济性好、施工运行方便和安全可靠性高等优点。

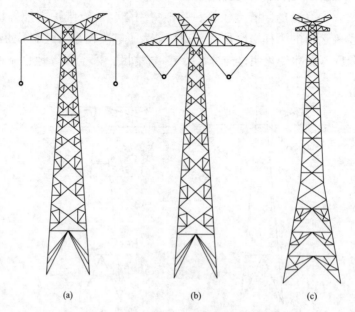

图 2-19 我国特高压直流线路常用自立塔型

(a) Ⅰ串羊角型塔；(b) Ⅴ串羊角型塔；(c) 大跨越塔

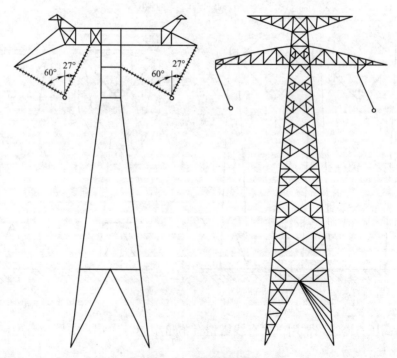

图 2-20 悬垂转角塔

耐张转角塔（见图 2-21）由于结构简单，受力清晰，占用线路走廊较窄，而且施工安装和运行检修较方便，在国内各种电压等级线路工程中大量使用，积累了丰富的运行经验。

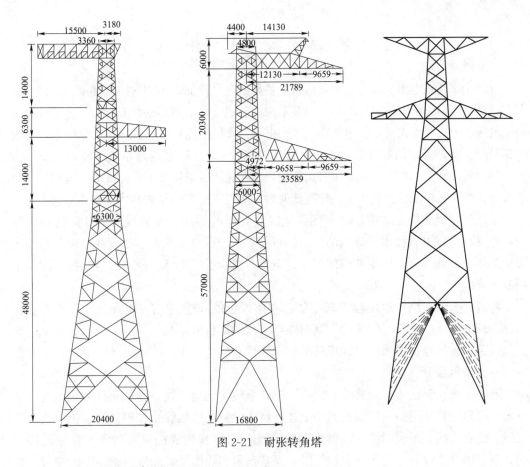

图 2-21　耐张转角塔

（三）接地极线路杆塔

目前在运特高压直流接地极线路杆塔类型主要有 J1、J2、J4、JC、JT4、ZT1、ZT2、ZT3、ZT4、ZTK、2L2-SSJC2、2L2-SSJC3、67DT、GJD、JC、JFGC、SGD、ZC、ZGC、ZGKC、ZKC 等，如图 2-22 所示。

| (a) | (b) | (c) |

图 2-22　接地极线路杆塔

（a）自立直线塔；（b）自立耐张塔；（c）与本体线路同塔架设的接地极线路

第三节 导 地 线

导线用来传输电流、输送电能，应具有良好的导电性能、足够的机械强度、耐振动疲劳和抵抗空气中化学杂质腐蚀的能力，常采用钢芯铝绞线或钢芯铝合金绞线。为了提高线路的输送能力，对于大容量输电线路，减小电晕，降低电能损耗，并减小对无线电、电视等信号的干扰，多采用相分裂导线。我国第一条 1000kV 输电线路示范工程晋东南—南阳—荆门采用 8×LGJ-500/35 型钢芯铝绞线，猕猴保护区采用 8×LGJ-630/45 型或扩径导线方案。特高压导线因分裂数多、导线截面大，其负荷比 500kV 杆塔大 1 倍左右。

地线的主要作用是防雷，由于架空地线对导线的屏蔽，及导线、地线间的耦合作用，可以减少雷电直接击于导线的机会。目前架空地线常采用钢芯铝绞线、铝包钢绞线等良导体，可降低不对称短路时的工频过电压，减少潜供电流。兼有通信功能的地线采用复合光缆。

特高压直流线路架线工程投资一般占本体投资的 30% 左右，再加上导线方案变化引起的杆塔和基础工程量的变化，其对整个工程的造价影响是极其巨大的，直接关系到整个线路工程的建设费用以及建成后的技术特性和运行成本。

一、导地线分类

导地线按材料性质可分铜线、铝线、铝合金线、铝包钢线、铜包钢线和钢线等。架空输电线路经常使用的多股绞线是用上述材料扭绞制成的绞线，如铜绞线、铝绞线、钢绞线、铝合绞线、铝包钢绞线、铜包钢绞线及不同材料构成的复合绞线，如钢芯铝绞线、钢芯铝合金绞线、钢芯铝包钢绞线、钢芯铜包钢绞线及光纤复合钢铝混绞线等。常见的导线种类、用途及选用原则如表 2-3 所示。

表 2-3 　　　　　　　　　　导线的种类、用途及选用原则

线材名称	品种	型号	导线结构概况	用途及选用原则
硬铝线	硬圆铝单线		用硬拉铝制成的单股线	输电线路不许使用
	铝绞线	JL	用圆铝单线多股绞制的绞线	对 35kV 架空线路铝绞线截面积不小于 35mm²，对 35kV 以下线路其截面积不小于 25mm²
钢芯铝绞线	铝钢截面比 $m=1.7\sim21$	JL/GIA	内层（或芯线）为单股或多股镀锌钢绞线，主要承担张力；外层为单层或多层硬铝绞线，为导电部分	对普通强度钢芯，铝钢截面比 m 在 12 以上的常称特轻型，用于变电站母线及小档距低压线路。m 在 6.5～12 的常称轻型，用于一般平丘地区的高压线路。m 在 5～6.5 的常称正常型，用于山区及大档距线路。m 在 4～5.0 的常称加强型，用于重冰区及大跨越地段。m 在 1.72 以下的常称特强型，多作为良导体架空地线。另有钢芯稀土铝绞线 LXGJ，与 LGJ 型结构尺寸相同，其电导率、延伸率、耐腐蚀性优于 LGJ 型

线材名称	品种	型号	导线结构概况	用途及选用原则
防腐型钢芯铝绞线	轻防腐 中防腐 重防腐	JL/G1AF	结构形式及机械、电气性能与普通钢芯铝绞线相同 轻防腐型——仅在铜芯上涂防腐剂 中防腐型——仅在铜芯及内层铝线上涂防腐剂 室防腐型——在钢芯和内、外层铝线均涂防腐剂	用于沿海及有腐蚀性气体的地区
镀锌钢线	硬镀锌钢单线镀锌钢绞线	JG1A	以碳素钢拉制成的单股线，外表镀锌 用多股镀锌线绞制成绞线	一般均作为架空地线用。用作导线时，35kV以上架空线路不许使用单股线，绞线截面积不小于16mm² 10kV以下线路单线直径不小于3.5mm²，绞线截面积不小于10mm²；大跨越档可采用高强度镀锌钢绞线作芯线或导线，但作导线时应具有较高的电导率
铝合金线	铝合金单线铝合金绞线钢芯铝合金绞线	JLH JLHA2 JLHA1/IAG	以铝、镁、硅合金拉制的圆单线或用多股做成绞线，抗拉强度接近铜线，电导率及质量接近铝线	抗拉强度高，可减少弧垂，降低线路造价。单股线在线路上不许使用。加强型钢芯铝合金绞线常作作线路大跨越档导线（尚有耐高温高强度铝合金绞线）
铝包钢绞线	铝包钢绞线		以单股钢线为芯，外面包以铝层，做成单股及多股绞线	线路的大跨越档、地线通信、良导体地线等
铝包钢芯铝绞线		JL/LB1A	芯线为铝包钢绞线，外层为单层或多层铝绞线	用于轻腐蚀地带，作良导体地线等
压缩型（光体）钢芯铝绞线	普通型加强型		将一股钢芯铝绞线，进行径向压缩，外层线变成扇形，表面光滑	LGJY型适用于农村、山区小档距及具有一定拉力强度的线路；LGJJY型适用于农村、山区大档距及拉力强度较大的线路 与普通钢芯铝线比较，同截面积时强度高，同强度时外径小、空气动力系数低，因此承受风压荷载、冰雪荷载能力低
硬铜线	硬圆铜单线硬铜绞线		用硬拉铜制成的单股线或用多股制成绞线	铜导线在一般情况下不推荐使用，必须使用铜线时，导线最小截面积规定如下：35kV以上线路不许使用单股线，绞线截面积不小于25mm²；10kV及以下线路单股线截面积不小于16mm²，绞线截面积不小于16mm²
光缆复合架空地线	光纤、铝包钢线和铝线	OPGW	芯线为光导纤维的光缆，外层绕承受张力的铝包钢线和导电用的铝或铝合金线	用于兼作系统通信、运动、保护、遥测、遥控等通信传输的线路架空地线

导地线从结构上分为单股线和多股线。多股线分为多股实芯绞线、扩径绞线、自阻尼型绞线和紧缩型绞线等。

特高压线路导线由六分裂、八分裂组成，六根为鼓形排列。八分裂圆形排列。导线分裂间距一般为400、450、500mm，如图2-23所示。

目前地线分为普通地线（镀锌钢接地极线路导线由双分裂组成绞线）、光缆（OPGW

等）和良导体地线（铝包钢绞线、钢芯铝绞线、钢芯铝合金绞线等）。除应满足电气和机械使用条件的要求，还应满足耐腐蚀、防电晕要求。OPGW 还应具有优良的光通信功能，以及足够的耐雷击性能。

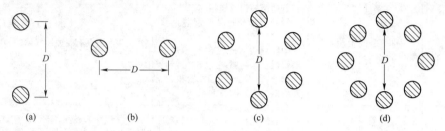

图 2-23　分裂导线示意图

(a) 双分裂垂直排列；(b) 双分裂水平排列；(c) 六分裂鼓形排列；(d) 八分裂圆形排列

二、导线型号

特高压线路导线型号主要有 JL/G1A、JL/G2A、JL/G3A、JL1/G2A、JLK/G1A、JLHA2/G3A、ACSR 等。其中 JL1/G2A 为特高压直流使用 1250 大截面导线。

接地极线路的导线型号主要有 NRLH60GJ/EST-500/65、JNRLH60/G1A-500/45，一般为双分裂。

导地线型号按照 GB/T 1179—2017《圆线同心绞架空导线》标准，包括 11 个种类。该标准规定的导线型号和名称，如表 2-4 所示。

表 2-4　　　　　　　　　　　　　　导线型号和名称

型号	名称
JL	铝绞线
JLHA1、JLHA2、JLHA3、JLHA4	铝合金绞线
JL/G1A、JL/G2A、JL/G3A JL1/G1A、JL1/G2A、JL1/G3A JL2/G1A、JL2/G2A、JL2/G3A JL3/G1A、JL3/G2A、JL3/G3A	钢芯铝绞线
JL/G1AF、JL/G2AF、JL/G3AF JL1/G1AF、JL1/G2AF、JL1/G3AF JL2/G1AF、JL2/G2AF、JL2/G3AF JL3/G1AF、JL3/G2AF、JL3/G3AF	防腐性钢芯铝绞线
JLHA1/G1A、JLHA1/G2A、JLHA1/G3A JLHA2/G1A、JLHA2/G2A、JLHA2/G3A JLHA3/G1A、JLHA3/G2A、JLHA3/G3A JLHA4/G1A、JLHA4/G2A、JLHA4/G3A	钢芯铝合金绞线
JLHA1/G1AF、JLHA1/G2AF、JLHA1/G3AF JLHA2/G1AF、JLHA2/G2AF、JLHA2/G3AF JLHA3/G1AF、JLHA3/G2AF、JLHA3/G3AF JLHA4/G1AF、JLHA4/G2AF、JLHA4/G3AF	防腐性钢芯铝合金绞线
JL/LHA1、JL1/LHA1、JL2/LHA1、JL3/LHA1 JL/LHA2、JL1/LHA2、JL2/LHA2、JL3/LHA2	铝合金芯铝绞线
JL/LB14、JL1/LB14、JL2/LB14、JL3/LB14 JL/LB20A、JL1/LB20A、JL2/LB20A、JL3/LB20A	铝包钢芯铝绞线

续表

型号	名称
JLHA1/LB14、JLHA2/LB14 JLHA1/LB20A、JLHA2/LB20A	铝包钢芯铝合金绞线
JLHA1/LB14F、JLHA2/LB14F JLHA1/LB20AF、JLHA2/LB20AF	防腐性铝包钢芯铝合金绞线
JG1A、JG2A、JG3A、JG4A、JG5A	钢绞线
JLB14、JLB20A、JLB27、JLB35、JLB40	铝包钢绞线

特高压直流线路导线一般选用六分裂，特高压交流线路导线一般选用八分裂，导线选型与性能参数，如表 2-5 所示。

表 2-5 导线选型与性能参数

产品型号规格	计量单位	技术参数							
		结构		直径（mm）	单位长度质量（kg/km）	截面积（mm²）		额定抗拉力（kN）	直流电阻（Ω/km）
		铝（合金）	(铝包) 钢			铝（合金）	(铝包) 钢		
JL/G1A-500/45-48/7	t	48/3.6	7/2.80	30.00	1685.5	488.58	43.10	127.31	0.0591
JL/G1A-500/65-54/7	t	54/3.43	7/3.43	30.90	1887.9	500	64.80	153.80	0.0578
JL/G1A-630/45-45/7	t	45/4.22	7/2.81	33.80	2079.2	630	43.60	150.45	0.0459
JL/G1A-630/55-48/7	t	48/4.12	7/3.2	34.30	2206.5	639.92	56.30	164.31	0.0452
JL/G1A-720/50-45/7	t	45/4.53	7/3.02	36.23	2397.7	725.27	50.14	170.60	0.03984
JL/G2A-720/90-54/19	t	54/4.135	19/2.48	37.22	2724.44	725.10	92.0	222.1	0.03989
JL/G1A-800/55-45/7	t	45/4.80	7/3.20	38.40	2687.5	814.3	56.30	192.22	0.0355
JL/G3A-900/40-72/7	t	72/3.99	7/2.66	39.90	2790.2	900	38.80	198.83	0.0321
JL/G2A-900/75-84/7	t	84/3.69	7/3.69	40.60	3074.2	900	75.00	231.75	0.0322
JL/G3A-1000/45-72/7	t	72/5.21	7/2.8	42.10	3100.30	1000.00	43.2	220.93	0.0289
JL/LB20A-630/45-45/7	t	45/4.20	7/2.80	33.60	2007.2	623.4	43.10	151.50	0.04526
JL/LB20A-630/55-48/7	t	48/4.12	7/3.20	34.32	2140.8	639.92	56.30	169.90	0.04384
JL1/G2A-1250/100	t	84/4.35	19/2.61	47.85	4252.3	1248.38	101.65	329.85	0.02320

三、地线型号

特高压线路地线型号主要有 JLB20A、LBGJ、OPGW 等型号，接地极线路的地线型号一般为 JLB20A-100，一般为单地线架设。常用的地线及性能参数，如表 2-6 所示。OPGW 选型与性能参数，如表 2-7 所示。

表 2-6 　　　　　　　　　　　　　　　　地线选型与性能参数

比选序号	地线型号	地线结构(mm/No)	总截面积 S (mm²)	铝截面积 S_L (mm²)	钢截面积 S_S (mm²)	直径 D (mm)	计算重量 W (kg/km)	计算拉斯力 T (kN)	拉力重量比 kJ (T/W)	破断应力 (MPa)	允许短路电流 I(t=0.15s, A)	热容量 I²t	直流电阻 (Ω/km)
1	JLB20A-150	19/3.15	148.07	37.02	111.05	15.75	989.4	178.57	18.4	1205.9837	28.01	117.69	0.5807
2	JLB23-150	19/3.15	148.07	44.42	103.65	15.75	941.4	162.58	17.6	1097.9942	29.79	133.14	0.5133
3	JLB27-150	19/3.15	148.07	54.79	93.28	15.75	887.3	143.92	16.5	971.97272	32.28	156.28	0.4373
4	JLB20A-185	19/3.5	182.8	45.70	137.1	17.5	1221.5	208.94	17.4	1142.9978	34.58	179.36	0.4704
5	JLB27-185	19/3.5	182.8	67.64	115.16	17.5	1095.5	177.68	16.5	971.99125	39.85	238.21	0.3542
6	JLB20A-210	19/3.75	209.85	52.46	157.39	18.75	1402.3	236.08	17.2	1124.994	39.69	236.35	0.4098
7	JLB20A-240	19/4.00	238.76	59.69	179.07	20	1595.5	260.01	16.6	1089.0015	45.17	306.03	0.3601
8	JLB1A-63	19/3.56	189	47.25	141.75	17.79	1267.9	240.03	19.3	1270	35.68	190.97	0.4568
9	JLB2-63	19/3.09	142	52.45	89.46	15.4	856.4	153.73	18.3	1082.6065	30.92	143.42	0.4567
10	JLB20A-170	19/3.4	172.5	43.13	129.37	17.0	1152	203.38	18	1179	32.56	159.02	0.498

表 2-7 　　　　　　　　　　　　　　　　OPGW 选型与性能参数

序号	产品编号	技术参数							
		光缆结构形式	光纤最大芯数 (芯)	铝包钢截面 (mm²)	铝合金截面 (mm²)	外径 (mm)	单位长度质量 (kg/km)	额定拉断力 (kN)	20℃直流电阻 (Ω/km)	40～200℃允许短路电流容量 (kA²·s)
---	---	---	---	---	---	---	---	---	---	---
1	OPGW-9-40-1	6/3.0/20AS, 光单元 1/3.0	24	≈40		9	≤304	≥51	≤2.10	≥9
2	OPGW-10-50-1	6/3.2/20AS, 光单元 1/3.2	24	≈50		9.6	≤345	≥58	≤1.82	≥11.5
3	OPGW-11-70-1	6/3.8/20AS, 光单元 1/3.8	48	≈70		11.4	≤475	≥77	≤1.30	≥24
4	OPGW-11-70-2	6/3.8/40AS, 光单元 1/3.8	48	≈70		11.4	≤340	≥42	≤0.70	≥38
5	OPGW-13-90-1	1/2.6/20AS+4/2.5/20AS+11/2.8/20AS, 光单元 2/2.5	48	≈90		13.2	≤641	≥112	≤0.98	≥45
6	OPGW-13-90-2	1/2.6/40AS+4/2.5/40AS+11/2.8/40AS, 光单元 2/2.5	48	≈90		13.2	≤457	≥57	≤0.52	≥67

续表

序号	产品编号	技术参数								
		光缆结构形式	光纤最大芯数（芯）	铝包钢截面（mm²）	铝合金截面（mm²）	外径（mm）	单位长度质量（kg/km）	额定拉断力（kN）	20℃直流电阻（Ω/km）	40～200℃允许短路电流容量（kA²·s）
7	OPGW-13-100-1	1/2.6/20AS+5/2.5/20AS+11/2.8/20AS，光单元1/2.5	24	≈100		13.2	≤674	≥118	≤0.93	≥50
8	OPGW-13-100-2	1/2.6/40AS+5/2.5/40AS+11/2.8/40AS，光单元1/2.5	24	≈100		13.2	≤479	≥60	≤0.49	≥74
9	OPGW-14-110-1	1/2.6/20AS+5/2.5/20AS+10/3.2/20AS，光单元1/2.5	24	≈110		14	≤760	≥133	≤0.83	≥63
10	OPGW-14-110-2	1/2.8/20AS+5/2.7/20AS+11/3.05/20AS，光单元1/2.6	24	≈110		14.3	≤791	≥140	≤0.80	≥68
11	OPGW-14-110-3	1/2.9/20AS+5/2.8/20AS+12/2.8/AA，光单元1/2.7	24	≈37	≈74	14.1	≤473	≥67	≤0.40	≥95
12	OPGW-14.6-120-1	1/3.0/20AS+5/2.9/20AS+12/2.9/20AS，光单元1/2.8	36	≈120		14.6	≤820	≥145	≤0.77	≥73
13	OPGW-14.6-120-2	1/3.0/30AS+5/2.9/30AS+12/2.9/30AS，光单元1/2.8	36	≈120		14.6	≤700	≥95	≤0.55	≥98
14	OPGW-14.6-120-3	1/3.0/40AS+5/2.9/40AS+12/2.9/40AS，光单元1/2.8	36	≈120		14.6	≤582	≥74	≤0.42	≥110
15	OPGW-15-120-1	1/3.2/20AS+4/3.0/20AS+12/3.0/20AS，光单元2/2.9	72	≈120		15.2	≤832	≥147	≤0.76	≥76
16	OPGW-15-120-2	1/3.2/30AS+4/3.0/30AS+12/3.0/30AS，光单元2/2.9	72	≈120		15.2	≤711	≥96	≤0.53	≥101

序号	产品编号	光缆结构形式	光纤最大芯数（芯）	铝包钢截面（mm²）	铝合金截面（mm²）	外径（mm）	单位长度质量（kg/km）	额定拉断力（kN）	20℃直流电阻（Ω/km）	40～200℃允许短路电流容量（kA²·s）
17	OPGW-15-120-3	1/3.2/40AS+4/3.0/40AS+12/3.0/40AS，光单元2/2.9	72	≈120		15.2	≤591	≥74	≤0.40	≥114
18	OPGW-15-130-1	1/3.2/20AS+5/3.0/20AS+12/3.0/20AS，光单元1/2.9	36	≈130		15.2	≤879	≥155	≤0.72	≥85
19	OPGW-15-130-2	1/3.2/30AS+5/3.0/30AS+12/3.0/30AS，光单元1/2.9	36	≈130		15.2	≤751	≥102	≤0.50	≥114
20	OPGW-15-130-3	1/3.2/40AS+5/3.0/40AS+12/3.0/40AS，光单元1/2.9	36	≈130		15.2	≤624	≥79	≤0.40	≥137
21	OPGW-16-140-1	1/3.3/20AS+5/3.2/20AS+12/3.2/20AS，光单元1/3.1	36	≈140		16.1	≤995	≥175	≤0.65	≥100
22	OPGW-16-140-2	1/3.3/30AS+5/3.2/30AS+12/3.2/30AS，光单元1/3.1	36	≈140		16.1	≤850	≥115	≤0.45	≥140
23	OPGW-16-140-3	1/3.3/20AS+5/3.2/20AS+12/3.2/AA，光单元1/3.1	36	≈49	≈96	16.1	≤611	≥86	≤0.31	≥170
24	OPGW-17-150-1	1/3.4/20AS+5/3.3/20AS+12/3.3/20AS，光单元1/3.2	48	≈150		16.6	≤1055	≥182	≤0.60	≥123
25	OPGW-17-150-2	1/3.4/30AS+5/3.3/30AS+12/3.3/30AS，光单元1/3.2	48	≈150		16.6	≤901	≥122	≤0.42	≥165
26	OPGW-17-150-3	1/3.4/40AS+5/3.3/40AS+12/3.3/40AS，光单元1/3.2	48	≈150		16.6	≤747	≥95	≤0.33	≥195

续表

序号	产品编号	光缆结构形式	光纤最大芯数（芯）	铝包钢截面（mm²）	铝合金截面（mm²）	外径（mm）	单位长度质量（kg/km）	额定拉断力（kN）	20℃直流电阻（Ω/km）	40～200℃允许短路电流容量（kA²·s）
27	OPGW-17-150-4	1/3.4/20AS+4/3.3/20AS+12/3.3/20AS，光单元2/3.2	72	≈150		16.6	≤998	≥172	≤0.64	≥110
28	OPGW-17-150-5	1/3.4/30AS+4/3.3/30AS+12/3.3/30AS，光单元2/3.2	72	≈150		16.6	≤853	≥116	≤0.45	≥147
29	OPGW-18-170-1	1/3.6/20AS+5/3.5/20AS+12/3.5/20AS，光单元1/3.4	48	≈170		17.6	≤1190	≥198	≤0.54	≥150
30	OPGW-18-170-2	1/3.8/20AS+4/3.6/20AS+12/3.6/20AS，光单元2/3.5	72	≈170		18.2	≤1187	≥199	≤0.54	≥156
31	OPGW-18-180-1	1/3.8/14AS+5/3.6/14AS+12/3.6/14AS，光单元1/3.5	48	≈180		18.2	≤1372	≥252	≤0.72	≥125
32	OPGW-18-180-2	1/3.8/20AS+5/3.6/20AS+12/3.6/20AS，光单元1/3.5	48	≈180		18.2	≤1255	≥211	≤0.50	≥175
33	OPGW-18-180-3	1/3.8/30AS+5/3.6/30AS+12/3.6/30AS，光单元1/3.5	48	≈180		18.2	≤1071	≥147	≤0.35	≥234
34	OPGW-18-180-4	1/3.8/40AS+5/3.6/40AS+12/3.6/40AS，光单元1/3.5	48	≈180		18.2	≤888	≥113	≤0.28	≥262

第四节　绝　缘　子

绝缘子是用于支持带电导体并使其绝缘的电器元件，一般由绝缘件（如瓷件、玻璃、玻璃钢、硅橡胶等）和金属附件（如钢脚、铁帽、法兰等）用胶合剂胶合或机械卡装而成。

在国际上，交流 1000kV 电压等级输电技术已经成熟。我国与国外特高压输电工程最大的不同点是，我国地域辽阔、地理环境复杂。随着我国经济高速发展，工业污染日益严重，不同地区污秽情况有很大差别，再加上高海拔和覆冰的问题，特高压外绝缘问题将会成为特高压输电建设的关键性控制因素之一。

一、绝缘子种类

输电线路常用绝缘子有盘形瓷质绝缘子、盘形玻璃绝缘子、棒形悬式复合绝缘子，特高压交直流线路常用绝缘子，如图 2-24～图 2-27 所示。

图 2-24　1000kV 特高压双回交流线路
玻璃、复合绝缘子

图 2-25　1000kV 特高压双回交流线路
瓷质绝缘子

图 2-26　±800kV 特高压直流
线路玻璃绝缘子

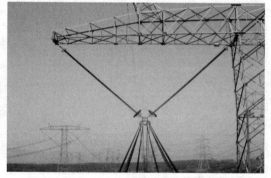

图 2-27　±800kV 特高压直流
线路复合绝缘子

特高压交流线路采用的绝缘子一般有：FXBW-1000/［550，420，300，210］/［9000，9750］/≥32000、U300BP/195T，U420BP/205T，U420BP/205H，U550BP/240T，U550BP/240H、FC550/240 等。

特高压直流线路采用的绝缘子一般有：FXBZ-±800/［550，420，300，210］-2/11800/45430、FXBZ-±800/［550，420，300，160］-2/10600/40810、FXBZ-±800/［300，160］-4/11800/45430、U550BP/240H-1、U550BP/240T、U300B/195TH、U210 BP/170T 等。

参照《高压直流输电大地返回运行系统设计技术规定》（DL/T 5224—2014）中的有关规程要求，接地极线路绝缘子安全系数应按照 220kV 线路的设计标准执行，宜采用直流盘式绝缘子，因此接地极线路绝缘子型号一般采用 U210BP/170D、XZP-160，如

图 2-28 所示。

二、特高压交流线路绝缘子

　　我国 1000kV 特高压交流试验示范工程线
路的污秽外绝缘设计是在 GB/T 16434—
1996❶基础上进行的,并适当提高了安全裕
度,采用了国家电网电力科学研究院的长串
污秽试验结果,用防污性能更好的双伞型绝
缘子替代了普通型绝缘子(串长保持不变)。
因此,根据 GB/T 16434—1996 的污秽等级划
分,特高压交流试验示范工程线路沿线Ⅱ级

图 2-28　接地极线路绝缘子

污秽等级采用 54 片双伞型绝缘子(300kN)的配置。

　　由于开放型绝缘子(双伞型、三伞型)本身不易积污,自清洗能力强,因此在同样
的积污条件下,其具有减少绝缘子表面积污的优势,耐污闪能力较高。同片数相同污秽
下用双伞型、三伞型绝缘子代替普通型绝缘子后,绝缘子串的耐污闪水平提高的计算结
果分别见表 2-8、表 2-9。

表 2-8　　　　　　　同片数相同污秽下用双伞型代替普通型绝缘子提高的耐污闪水平

输电线路	盐密(mg/cm²)	海拔(m)			
		0~1000	1000~1500	1500~2000	2000~2500
中线	0.03	23.5	24.3	26.3	28.2
	0.06	14.6	15.4	17.0	18.2
东线	0.03	24.2	25.7	27.8	32.4
	0.06	17.8	18.8	20.0	21.6

表 2-9　　　　　　　同片数相同污秽下用三伞型代替普通型绝缘子提高的耐污闪水平

输电线路	盐密(mg/cm²)	海拔(m)			
		0~1000	1000~1500	1500~2000	2000~2500
中线	0.06	48.6	53.8	51.2	54.8
	0.1	48.7	50.0	50.0	53.3
东线	0.06	55.9	54.1	57.9	59.0
	0.1	55.6	53.8	57.5	57.1

　　此外,根据国家电网企业标准 Q/GDW 152—2006❷规定,新建输电线路需采用饱
和污秽度进行污秽外绝缘设计,目的是在确保线路安全运行的条件下实现线路绝缘子的
不清扫或很少清扫。因此,根据 Q/GDW 152—2006 规定,特高压交流试验示范工程线
路沿线采用 54 片双伞型绝缘子的 C 级污秽等级地区,需适当缩短线路清扫周期,并选

---

　　❶　1000kV 特高压交流试验示范工程线路 2006 年 8 月核准,2009 年 1 月投运,《污秽条件下使用的高压绝缘
子的选择和尺寸确定》(GB/T 26218—2010)于 2011 年 1 月发布,故设计仍采用旧标准(代替 GB/T 16434—
1996)。

　　❷　《电力系统污区分级与外绝缘选择标准》(Q/GDW 1152—2014)代替 Q/GDW 152—2006,并于 2015 年 2
月发布。

择典型地点进行等值严密的监测，以测试结果指导清扫工作。

我国特高压交流试验示范工程在Ⅲ级和Ⅳ级污秽等级地区实际使用的 9.75m 和 10.5m 复合绝缘子均有较大的绝缘裕度，完全可以满足线路的安全运行要求。1000kV 特高压交流输电线路在不同污秽及海拔地区所需复合绝缘子的串长，如表 2-10 所示。

表 2-10　　　　　　　　　　　特高压 1000kV 交流输电线路复合绝缘子串长

伞型	盐密（mg/cm²）	海拔（m）			
		0～1000	1000～1500	1500～2000	2000～2500
一大一小（长）	0.1	7.47	7.81	8.00	8.20
	0.25	9.02	9.44	9.67	9.92
	0.35	9.67	10.13	10.38	10.64
一大二小	0.1	6.83	7.15	7.32	7.50
一大一小（短）	0.1	6.00	6.28	6.43	6.58

三、特高压直流线路绝缘子

直流输电线路的运行方式与交流输电线路的完全不同。交流输电线路采用三相运行方式，而直流输电线路通常采用双极对称运行方式，或单极经金属回线运行方式。因此其杆塔的结构形式也与交流输电线路的完全不同。

（一）绝缘子串型布置

直流输电线路直线塔的悬垂绝缘子串的布置主要按Ⅰ型布置和Ⅴ型布置两种形式，如图 2-29 所示。Ⅰ型布置的绝缘子串在风力的作用下会发生摆动，导线与塔身和横担间的空气间隙距离会发生改变。而Ⅴ型布置的绝缘子串相对固定，导线与塔身间的空气间隙距离不会发生变化。

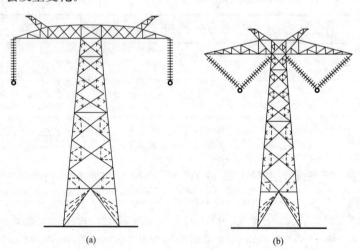

图 2-29　直流输电线路绝缘子串布置形式

（a）Ⅰ型绝缘子串；（b）Ⅴ型绝缘子串

（二）绝缘子独有特点

特高压直流输电系统外绝缘空气间隙在操作冲击下的放电特性具有在极不均匀电场中长空气间隙放电的共同特性，主要表现为极性效应、邻近效应、腐蚀效应。

（1）极性效应。正极性的操作冲击 50% 放电电压明显低于负极性的，因此空气间隙外绝缘强度试验通常在正极性下进行。

（2）邻近效应。电场分布情况对操作冲击放电电压的影响很大，因此电极的形状对空气间隙的放电电压会有很大影响。周围接地物体靠近放电间隙也会影响电极附近的电场分布，显著降低其正极性放电电压，即存在所谓的"邻近效应"。

（3）腐蚀效应。绝缘子端部金具的腐蚀主要源于持续高湿条件下污秽绝缘子表面的泄漏电流。正极侧端部金具的腐蚀通常从密封层与金具交接处的镀锌层表面开始，然后进入金具材料本体。腐蚀不严重时，一般仅破坏镀锌层使金具产生锈蚀，不会影响金具与芯棒接头的机械性能。但是，当电蚀导致密封层与金具间的镀锌层受损或密封层直接被破坏，泄漏电流可直接流入金具内腔，内腔受到腐蚀就可能直接危及芯棒机械强度。同时水汽也可沿此通道进入内腔，可能导致芯棒的脆断。

为防止表面泄漏电流对复合绝缘子端部金具产生的电解腐蚀，在金具与芯棒的连接处加装锌环做牺牲电极，以代替金具发生电解反应。根据电解腐蚀引起的锌环重量损失计算结果，锌环外露部分的重量不应小于 5g。经设计和计算，为保障锌环安装的牢固性以及可能发生的腐蚀深度，由纯度不小于 99.8% 的纯锌制成的锌环厚度不宜小于 3mm。

第五节　金　具

金具是指连接和组合电力系统中各类装置，以传递机械、电气负荷并起某种防护作用的部件。其是架空输电线路的主要部件，通过绝缘子将导线悬挂于杆塔上，并保护导线和绝缘子免受高电压的伤害，同时使电晕和无线电干扰控制在合理的水平，保护人类的生活环境。

金具种类繁多，用途各异，例如安装导线用的各种线夹，组成绝缘子串的各种挂环，连接导线的各种压接管、补修管，分裂导线上的各种类型间隔棒等，此外还有杆塔用的各类拉线金具。

一、金具的分类及型号

金具的分类关系到金具产品系列规划、金具标准的制定及科学管理。金具的分类方法主要按金具结构性能、安装方法及使用范围来划分。线路金具根据杆塔结构不同可分为悬垂串和耐张串两大类型，按照用途可以分为悬垂线夹、耐张线夹、连接金具、接续金具、防护金具、拉线金具、跳线金具七大类。

金具型号的编制方法是根据《电力金具产品型号命名方法》（DL/T 683—2010），电力金具产品型号标记一般由汉语拼音字母（简称字母）和阿拉伯数字（简称数字）组成，不应使用罗马数字或其他数字。标记中使用的字母应采用大写汉语拼音字母，Ⅰ 和 O 不应使用。字母不应加角标。标记中使用的符号应采用乘号（×）、左斜杠（/）、短划线（—）、小数点（·），即电力金具的型号标记，如图 2-30 所示。

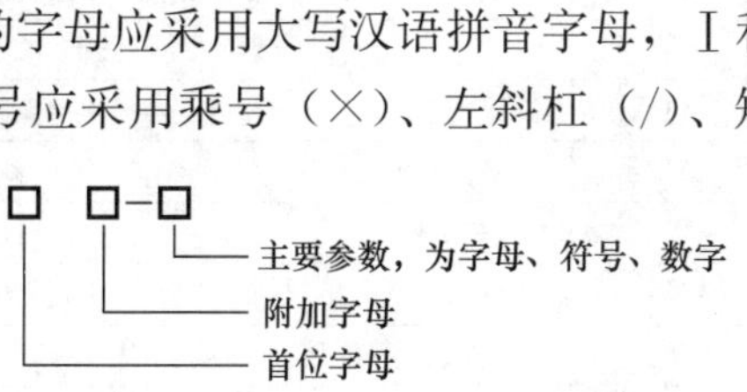

（一）首位字母的含义

型号标记首位字母的代表含义是：①分类

图 2-30　电力金具的型号标记

主要参数，为字母、符号、数字

附加字母

首位字母

27

类别；②连接金具产品的系列名称。

首位字母用金具类别或名称的第一个汉字的汉语拼音的第一个字母表示。当首位字母出现重复时，或需使用字母 I 和 O 时，可选用金具类别或名称的第二个汉字的汉语拼音的第一个字母表示，也可选用其他字母表示，或用附加字母来区分，如表 2-11 所示。

表 2-11　　　　　　　　　　　首 位 字 母 的 含 义

字母	表示类别	表示连接金具产品的名称	字母	表示类别	表示连接金具产品的名称
D		调整板	Q		球头
E		EB 挂板	S	设备线夹	
F	防护金具		T	T 形线夹	
G		GD 挂板	U		U 形
J	接续金具		V		V 形挂板
L		联板	W		碗头
M	母线金具		X	悬垂线夹	
N	耐张线夹		Y		延长
P		平行	Z		直角

（二）附加字母的含义

附加字母是对首位字母的补充表示，以区别不同的型式、结构、特性和用途，同一字母允许表示不同的含义。一般附加字母代表的含义，如表 2-12 所示。

表 2-12　　　　　　　　　　一般附加字母代表的含义

字母	代表含义
B	板、爆压、并（沟）、变（电）、避（雷）、包
C	槽（形）、垂（直）
D	倒（装）、单（板、联、线）、导（线）、搭（接）、镀锌、跑（道）
F	方（形）、封（头）、防（晕、盗、振、滑）、覆（铜）
G	固（定）、过（渡）、管（形）、沟、钢、间隔垫
H	护（线）、环、弧、合（金）
J	均（压）、矩（形）、间（隔）、支（架）、加（强）、（预）绞、绝
K	卡（子）、（上）扛、扩（径）
L	螺（栓）、立（放）、拉（杆）、菱（形）、轮（形）、铝
N	耐（热、张）、（户）内
P	平（行、面、放）、屏（蔽）
Q	球（绞）、轻（型）、牵（引）
R	软（线）
S	双（线、联）、三（腿）、伸（缩）、设（备）
T	T（形）、椭（圆）、跳（线）、（可）调
U	U（形）
V	V（形）
W	（户）外
X	楔（形）、悬（垂）、悬（挂）、下（垂）、修（补）
Y	液压、圆（形）、（牵）引
Z	组（合）、终（端）、重（锤）、自（阻尼）

（三）主参数

1. 数字

主参数中的数字用以表述下列中的一种或多种组合：

（1）表示适用于导线的标称截面积（mm²）或直径（mm）；

（2）当产品可适用于多个标号的导线时，为简化主参数数字，采用组合号以代表相应范围内的导线标称直径，或按不同产品型号单独设组合号，组合号见表2-13；

（3）表示标称破坏载荷标记，按GB/T 2315—2017的规定执行；

（4）表示间距（mm、cm）；

（5）表示母线规格（mm、mm²）；

（6）表示母线片数及顺序号；

（7）表示导线根数；

（8）表示圆杆的直径或长度（mm、cm）。

表2-13 组 合 号

组合号	导地线直径 D		组合号	导地线直径 D	
	用于导线	用于地线		用于导线	用于地线
0	5.4≤D<8.0		6	30.0≤D<35.0	20≤D<23
1	8.0≤D<12.0	6.4≤D<8.6	7	35.0≤D<39.0	
2	12.0≤D<16.0	8.6≤D<12.0	8	39.0≤D<45.0	
3	16.0≤D<18.0	12.0≤D<14.5	9	45.0≤D<51.0	
4	18.0≤D<22.5	14.5≤D<17	10	51.0≤D<70.0	
5	22.5≤D<30.0	17≤D<20			

2. 字母

主参数中的字母是补充性的区分标记，字母代表的含义分述如下：

（1）以A、B、C作为区分标记，见表2-14；

（2）以字母作为区分导线型号标记，导线的型号和名称表示方法按GB/T 1179—2017的规定执行。

表2-14 区 分 标 记

区分标记字母	区分总长度	区分引流角度（°）	区分附属构件
A	短形	0	附碗头挂板
B	长形	30	附U形挂板
C		90	

（四）型号命名细则

1. 悬垂线夹

悬垂线夹的型号标记为：

$$X \times \times \times\text{-}\times/\times \times$$
$$1 \; 2 \; 3 \; 4 \; 5 \; 6$$

其中：

1—悬垂线夹的握力类型：G—固定型，H—滑动型，W—有限握力型；

2—回转轴中心与导线轴线间的相对位置：默认表示下垂式，K—上扛式，Z—中心回转式；

3—表征悬垂线夹防晕性能：A—普级，B—中级，C—高级，D—特级；

4—悬垂线夹标称破坏载荷，与表征数字的对应关系见表2-15；

5—悬垂线夹线槽直径，mm；

6—表征悬垂线夹船体材质：默认表示铝合金，K—可锻铸铁（马铁），Q—球铁，G—铸钢。

表 2-15 表征数字与标称破坏载荷的对应关系

表征的数字	4	6	8	10	12	15	20	25	30	35
标称破坏载荷（kN）	40	60	80	100	120	150	200	250	300	350

防晕性能等级的说明为：①普级：海拔高度1000m及以下的500kV或±500kV架空线路，含海拔高度4000m以下的330kV架空线路；②中级：海拔高度1000m及以下的750kV架空线路，含海拔高度1000～4000m的500kV或±500kV架空线路；③高级：海拔高度1500m及以下的1000kV或±800kV架空线路，含海拔1000～4000m的750kV架空线路；④特级：海拔1500～4000m的1000kV或±800kV架空线路。

2. 耐张线夹

耐张线夹的型号标记为：

$$N×\text{-}×\text{-}××$$
$$1\quad 2\quad 3\,4$$

其中：

1—安装方式：B—爆压型，L—螺栓型，T—钳压型，X—楔形，V—液压型，J—预绞式；

2—导线的型号，默认表示钢芯铝绞线，其他型号见表2-4；

3—导线的标称截面积，其表示方法参照GB/T 1179—2017，见附录B；

4—引流线夹角度：A—0°，B—30°。

3. 接续金具

接续金具的型号标记为：

$$J××\text{-}×\text{-}×$$
$$1\quad 2\quad 3\quad 4$$

其中：

1—安装方式：B—爆压型，G—并沟线夹，L—螺栓型，T—钳压型，X—修补液压型，J—预绞式；

2—钢芯接续方式：默认表示对接，D—搭接；

3—导线的型号，默认表示钢芯铝绞线，其他型号见表2-16；

4—导线的标称截面积，其表示方法参照 GB/T 1179—2017。

表 2-16　　　　　　　　　　　接续金具命名解释

型号	类型	安装方式	钢芯接续方式	导线型号	导线标称截面积（mm²）
JY-400/35	接续管	液压型	对接	钢芯铝绞线	400/35
JYD-JLHA1/LB1A-450/60	接续管	液压型	搭接	铝包钢芯铝合金绞线	450/60
JX-JL/LB1A-300/50	补修条			铝包钢芯铝绞线	300/50
JG-JL-95	并沟线夹			铝绞线	95

4. 连接金具

连接金具的首位字母见表 2-17。

连接金具的型号标记为：

$$\times\times\times-\times/\times/\times$$
$$1\ 2\ 3\quad 4\quad 5\quad 6$$

表 2-17　　　　　　　　　　连接金具的首位字母及各字母表征的含义

1	2	3	4	5	6
U—U 形挂环（板）	默认表示普通型 B—UB 挂板 L—加长型		标称破坏载荷（t）		
Q—球头挂环	默认表示环体截面为圆形 P—环体截面为半圆形和方形的组合 H—具有延长功能，环体截面为圆形		标称破坏载荷（t）		
W—碗头挂板	默认表示单板型 S—双板型	J—安装均压环	标称破坏载荷（t）		
Y—延长环或延长杆	H—延长环		标称破坏载荷（t）	连接长度（mm）	
	Z—直角延长拉杆 P—平行延长拉杆				
	GD—GD 挂板		标称破坏载荷（t）		
	EB—EB 挂板		标称破坏载荷（t）		
	V—V 形挂板		标称破坏载荷（t）		
Z—直角挂板	默认表示双板 D—单板		标称破坏载荷（t）		
P—平行挂板	默认表示双板 I—单板 S—板间距不同 T—可调长组合平行挂板		标称破坏载荷（t）	连接长度（mm）	
D—调整板	B—可调长单板		标称破坏载荷（t）	最小连接长度（mm）	最大连接长度（mm）
	PQ—牵引板		标称破坏载荷（t）		

1	2	3	4	5	6
L—联板	默认表示普通对称三角形联板 P—不对称三角联板 F—方形联板		标称破坏载荷（t）		底部相距最远的两孔距离（mm）
	X—悬垂联板，适用于中心回转式悬垂线夹或下垂式悬垂线夹	默认表示适用于Ⅰ形悬垂串 V—适用于V形悬垂串	标称破坏载荷（对V形悬垂串为单肢标称载荷）（t）	导线分裂数	导线分裂间距（mm）
	K—悬垂联板，适用于上扛式悬垂线夹				

5．防护金具

（1）间隔棒。间隔棒的型号标记为：

$$FJ\times\times-\times\times/\times\times$$
$$1\ 2\ 3\ 4\ 5\ 6$$

其中：

1—间隔棒的结构型式：G—刚性间隔棒，R—柔性间隔棒，Z—阻尼间隔棒；

2—框架形状：默认表示正多边形，S—十字形，J—矩形，T—梯形，Y—圆环形；

3—分裂数，用数字表示；

4—分裂间距，cm；

5—适用的导线外径，mm；

6—表征间隔棒防晕性能：A—普级，B—中级，C—高级，D—特级。

注：防晕性能等级划分同前所述。

（2）防振锤。防振锤的型号标记为：

$$F\times\times\times-\times\times\times$$
$$1\ 2\ 3\ 4\ 5\ 6$$

其中：

1—防振锤的结构型式：D—对称型防振锤，R—非对称型防振锤；

2—锤头的结构型式：G—扭转式（狗骨头形），T—筒式，Y—音叉式，Z—钟罩式；

3—防振锤的线夹型式：默认表示螺栓型线夹，J—预绞式线夹；

4—适用的导线外径，用组合号表示；

5—导线的型号，默认表示其他类型导线，G—钢绞线；

6—表征防振锤防晕性能：默认表示不防晕，A—普级，B—中级，C—高级，D—特级。

注：防晕性能等级划分同前所述。

（3）均压环、屏蔽环和均压屏蔽环。

1）均压环型号标记为：

$$FJ-\times\times\times\times-\times\times$$
$$1\ 2\ 3\ 4\ 5\ 6$$

其中：

1—电压等级：10—1000kV，8—±800kV，7—750kV，6—±660kV，5—500kV/±500kV，3—330kV；

2—绝缘子串型：X—1形悬垂串，V—V形悬垂串，N—耐张串；

3—绝缘子联数：1，2，3…；

4—绝缘子类型：默认表示盘式，H—合成绝缘子；

5—绝缘子联间距，mm，默认表示单联；

6—附加字母：D—用于绝缘子串倒装，T—十字形悬垂联板，B—变电。

2）屏蔽环型号标记为：

$$FP-××-××$$
$$1 2\ \ 3 4$$

其中：

1—电压等级：10—1000kV，8—±800kV，7—750kV，6—±660kV，5—500kV/±500kV，3—330kV；

2—默认表示悬垂串，N—用于耐张串；

3—默认表示用于线路，B—表示用于变电；

4—用字母J表示安装在间隔棒上，其他默认。

3）均压屏蔽环型号标记为：

$$FJP-××-××$$
$$1 2\ \ 3 4$$

其中：

1—电压等级：10—1000kV，8—±800kV，7—750kV，6—±660kV，5—500kV/±500kV，3—330kV；

2—默认表示用于悬垂串：N—用于耐张串；

3—默认表示子导线间距和联间距一致，导线间距/联间距为450mm/500mm时用数字"1"表示，子导线间距/联间距为500mm/600mm时用数字"2"表示；

4—绝缘子方向：默认表示正装，D—倒装。

均压环、屏蔽环和均压屏蔽环的命名解释如表2-18所示。

（4）护线条。护线条的型号标记为：

$$FYH-××$$
$$1\ \ 2$$

其中：

1—导线外径，mm；

2—护线条材质类型：默认表示铝合金，B—铝包钢，G—钢。

表 2-18   均压环、屏蔽环和均压屏蔽环的命名解释

型号	环的类型	说明
FJ-5X2-450T	均压环	用于Ⅰ形双联十字联板悬垂串，电压等级为500kV/±500kV线路，绝缘子联间距为450mm的均压环
FP-10N-J	屏蔽环	用于1000kV耐张串的屏蔽环，安装在间隔棒上
FJP-5N-D	均压屏蔽环	用于500kV/±500kV线路，倒装式耐张串均压屏蔽环

6. 重锤

重锤的型号标记为：

$$FZC\times-\times\times$$
$$1 \quad 2 \quad 3$$

其中：

1—材质类型：默认表示铸铁，G—钢；

2—重锤质量，kg；

3—防腐方式：默认表示涂漆，D—镀锌。

7. T形线夹

T形线夹的型号标记为：

$$T\times\times-\times\times-\times/\times\times-\times$$
$$1 \quad 2 \quad 3 \quad 4 \quad 5 \quad 6 \quad 7 \quad 8$$

其中：

1—连接主导线的型式：L—螺栓型，Y—压缩型；

2—连接引下线的型式：B—引流板，L—螺栓型，Y—压缩型；

3—主导线的型号，见表2-4；

4—主导线标称截面积，其表示方法参照GB/T 1179—2017；

5—主导线的数目：默认表示为单根，双线及以上用阿拉伯数字表示，如"2"表示是双线；

6—引下线的型号，见表2-4；

7—引下线的标称截面积，其表示方法参照GB/T 1179—2017；

8—主导线及引下线分裂间距，主导线（cm）×引下线（cm）。

8. 设备线夹

设备线夹的型号标记为：

$$S\times\times-\times-\times\times-\times\times\times$$
$$1 \quad 2 \quad 3 \quad 4 \quad 5 \quad 6 \quad 7 \quad 8$$

其中：

1—连接导线的型式：L—螺栓型，Y—压缩型；

2—端子板的材料：默认表示为铝材，G—铜铝过渡；

3—导线的型号，见表2-4；

4—导线的标称截面积，其表示方法参照GB/T 1179—2017；

5—导线的数目：默认表示为单根，S—双线；

6—导线分裂间距，mm；

7—端子板的角度，见表2-12；

8—端子板外形尺寸，长（mm）×宽（mm）。

二、金具类型

（一）悬垂线夹

悬垂线夹用于将导线固定在直线杆塔的悬垂绝缘子串上，或将架空地线悬挂在直线杆塔上，也可用于换位杆塔上支持换位导线以及非直线杆塔上跳线的固定。

在特高压输电线路中，悬垂线夹的防晕处理通常有两种：①不采用屏蔽装置时，线夹本身具有防电晕性能，即采用防晕型悬垂线夹；②加装屏蔽环进行防晕。防晕型悬垂线夹在我国超高压交流与直流输电线路中已得到大面积推广。

悬垂线夹根据船体旋转轴与导线的中心线的位置不同，通常分为三类：中心回转式、提包式和上扛式。

中心回转式悬垂线夹的船体旋转轴位于导线中心轴线上，与导线的偏转一致。提包式悬垂线夹的船体旋转轴位于导线的中心线以上，其旋转落后于导线的偏转。上扛式悬垂线夹的旋转往往超过导线的偏转，目前在运行线路中逐渐被取消。

我国特高压交流输电线路中使用提包式防晕悬垂线夹，采用铸造或锻造方式加工，如图2-31所示。

图2-31　提包式悬垂线夹的试制样品

1. U形螺栓式悬垂线夹

U形螺栓式悬垂线夹由可锻铸铁制造的线夹船体、压板及U形螺栓组成。它利用两个U形螺栓压紧压板使导线固定在线夹船体中，船体由两块钢板冲压而成的挂板吊挂，挂板安装在船体两侧的挂轴上，线夹转动轴和导线在同一轴线上，回转灵活。由于挂板有一定宽度，若挂板摆动过大，其边缘将碰到U形螺栓上，因此，挂板与船体间的摆动应不大于45°。U形螺栓式悬垂线夹握力较大，适用于安装中小截面的铝绞线及钢芯铝绞线。在安装时，导线外应包缠1mm×10mm的铝包带1～2层。U形螺栓式悬垂线夹的形状示意图，如图2-32所示。

2. 预绞式悬垂线夹

预绞式悬垂线夹由硅橡胶制成的双曲线腰鼓形包箍、包箍外缠绕铝合金预绞丝，在预绞丝外装以铝合金制成的带悬挂板的包箍、包箍外再加上U形钢（或铝合金）带组成。

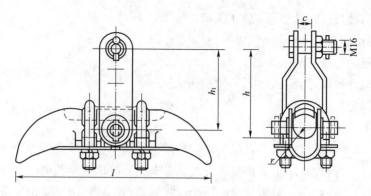

图 2-32　U 形螺栓式悬垂线夹的形状示意图

预绞式悬垂线夹利用双曲线腰鼓形包箍包住导线于悬挂处，具有握力大、电晕小、质量小以及磁损小的特点，可用于重冰及档距较大的地区。

导线、地线用的预绞式悬垂线夹是由预绞丝、金属护套及胶垫组成，用作架空地线、导线的悬垂线夹。

光纤复合地线（OPGW）用的预绞式悬垂线夹是由预绞丝外层条、内层条、金属护套胶垫组成，用于架空光纤复合地线的悬垂线夹。预绞式悬垂线夹的形状示意图，如图 2-33 所示。

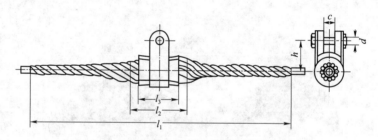

图 2-33　预绞式悬垂线夹的形状示意图

3. 加强型悬垂线夹

架空线路通过重冰区时，导线必须选用承重大且铝钢截面比小的钢芯铝绞线或钢芯铝合金绞线。其配套的悬垂线夹也与一般正常线路使用的有所区别，主要区别有：

（1）线夹应有较高的垂直破坏载荷；

（2）即使在邻档覆冰不均衡的条件下，导线仍不应从线夹中滑出，线夹应有足够的握力。对地线用悬垂线夹，其握力不小于钢绞线额定抗拉力的 25%；钢芯铝绞线用的悬垂线夹，其握力不小于导线额定抗拉力的 30%。

加强型悬垂线夹的形状示意图，如图 2-34 所示。

（二）耐张线夹

耐张线夹用来将导线或地线固定在非直线杆塔的耐张绝缘子串上，起锚固作用，根据使用和安装条件的不同，分为螺栓型、楔形、压缩型和预绞式耐张线夹四大类。我国特高压输电线路中使用的耐张线夹为压缩型和预绞式耐张线夹，螺栓型和楔形一般用于低电压等级线路。

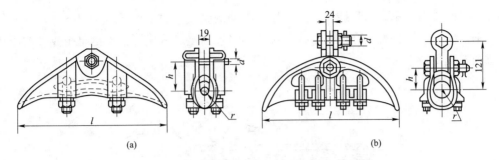

图 2-34　加强型悬垂线夹的形状示意图

(a) CGJ-2 型；(b) CGJ-5 型

1. 压缩型耐张线夹

压缩型耐张线夹由铝管与钢锚组成，钢锚用来接续和锚固钢芯铝绞线的钢芯，然后套上铝管本体，以压力使金属产生塑性变形，从而使线夹与导线结合为一个整体。采用液压方式时，应用相应规格的钢模以液压机进行压缩；采用爆压方式时，可采用一次爆压或二次爆压的方式，将线夹和导线（架空地线）压成一个整体。

(1) 导线用压缩型耐张线夹。作为架空线的良导体，现在广泛使用铝包钢绞线、铝合金绞线或铝钢截面比 $m=1.71$ 的高强度钢芯铝绞线。这些导线的接续，由于钢芯截面大，钢管外径超过绞线总外径，用耐张线夹接续时，铝管压缩铝线部分均要增加铝套，以填充铝管与导线之间存在的较大间隙。

根据实验，铝包钢绞线也可用钢管进行接续，用钢管接续后，再套上铝管本体，导流由铝管承担，铝管基本上不承受机械荷载。

钢芯铝绞线用耐张线夹的钢锚的施压顺序示意图如图 2-35 所示。耐张线夹铝管的施压顺序示意图，如图 2-36 所示。

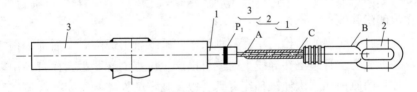

图 2-35　钢锚的施压顺序示意图

1—导线；2—耐张线夹钢锚；3—耐张线夹铝管

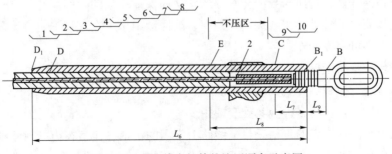

图 2-36　耐张线夹铝管的施压顺序示意图

（2）地线用压缩型耐张线夹。地线用压缩型耐张线夹供安装截面－35～－150型的镀锌钢绞线，用作非直线杆塔避雷线或拉线的终端固定。地线用压缩型耐张线夹的压接示意图如图2-37所示。

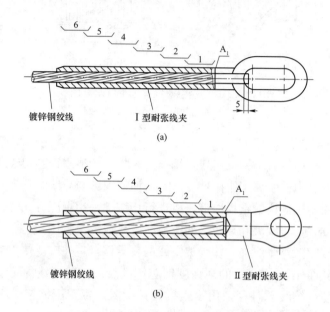

(a)

(b)

图2-37　地线用压缩型耐张线夹的压接示意图

（a）Ⅰ型镀锌钢绞线耐张线夹压接顺序；（b）Ⅱ型镀锌钢绞线耐张线夹压接顺序

2. 预绞式导线耐张线夹

预绞式导线耐张线夹是一种拉力强、操作简单的耐张线夹，主要用于裸导线和架空绝缘导线上。它的拉力优于目前国内常用的耐张线夹，因此，可替代在线路上常用的包括螺栓型在内的耐张线夹。

预绞式导线耐张线夹的结构简单，其预绞丝双腿绞合形成空管，后部为预成型的绞环预绞丝双腿形成的空管缠绕在导线上时就可以产生极强的握紧力，而绞环用以固定在绝缘子上。独特的原理和结构使该种线夹具有以下独特的性能和鲜明的特点：

（1）强度高：每个导线耐张线夹均有一段额外的预绞长度，从而保证耐张强度可达导线额定拉断力。

（2）耐腐蚀性好：材质与导线完全一致，从而保证较强的耐腐蚀性。

（3）安装简单：各种导线线夹均可快捷、简便地用手工在现场安装，无需任何专用工具，由一人即可完成操作。

（4）安装质量易于保证：导线线夹的安装质量易于保证，一致性强，不需专门训练，肉眼即可进行检验，外观简洁美观。

（5）通用性强：可与多种金具配套使用。

预绞式导线耐张线夹的价格是目前线路上常用的包括螺栓型在内的耐张线夹价格的10倍左右，因而，增加了输电线路工程的造价。因此，预绞式导线耐张线夹只在小范围内使用，至今尚未得到普及。

预绞式导线耐张线夹的形状示意图，如图 2-38 所示。

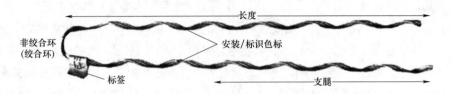

图 2-38　预绞式导线耐张线夹的形状示意图

注：安装/标识色标：指示安装的起始点，同时可以帮助鉴别线夹的型号；

非绞合环：作为标准形式，适用于小尺寸的导线；

绞合环：对于较大尺寸的导线，采用绞合环来适应不同类型的金具；

标签：指示产品编号及公称尺寸。

（三）连接金具

连接金具是用来将绝缘子串与杆塔之间、线夹与绝缘子串之间、架空地线线夹与杆塔之间进行连接的金具。常用的连接金具有：球头挂环、碗头挂板、U 型挂环、直角挂板等，如图 2-39 所示。

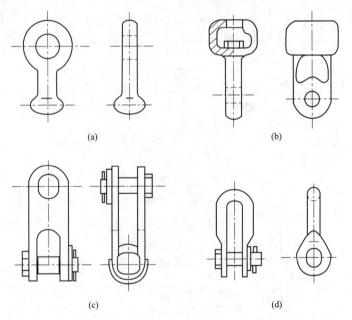

图 2-39　连接金具

（a）球头挂环；（b）碗头挂板；（c）直角挂板；（d）U 型挂环

1. 连接金具分类

根据连接金具的使用条件和结构特点，连接金具可分为三大系列：①球—窝系列连接金具。球—窝系列连接金具是专用金具，它是根据与绝缘子连接的结构特点设计出来的，用于直接与绝缘子相连接。②环—链系列连接金具。环—链系列连接金具是通用金具，采用环与环相连的结构，属于线—线接触金具。③板—板系列连接金具。板—板系列连接金具也是通用金具，它的连接必须借助于螺栓或销钉才能实现。

（1）球—窝系列连接金具。球—窝系列连接金具是与球窝型结构的悬式绝缘子配套使用的连接金具，包括各种球头挂环、碗头挂板等。球—窝系列连接金具的优点是没有方向性，挠性大，可转动，装、卸均方便，有利于带电作业。球—窝系列连接金具的窝均配有 R 型锁紧销，其形状示意图，如图 2-40 所示。其特点是绝缘子装卸时只需将推拉销从销孔拉出（但仍挂在铁帽窝内）推进，无需取出，并可重新打入，既方便装卸，又可避免推拉销丢失。

连接金具的螺栓尾部所用的锁住销，过去采用开口销，因钢质开口销经热镀锌后失去弹性且锈蚀，现一律采用销子材料为铜质或不锈钢，解决了长期用热镀锌钢开口销而不能解决的锈蚀问题。闭口销比开口销具有更多的优点，闭口销装入销孔后就会自动弹开，不需将销尾弯曲 45°；当拔出销孔时比较容易，锁住可靠，带电装卸灵活。闭口销插入和安装后的情况，如图 2-41 所示。

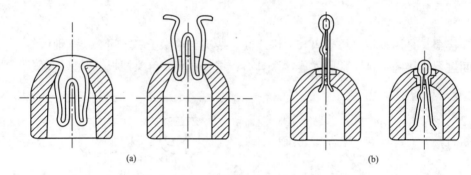

图 2-40　球—窝系列连接金具形状示意图
（a）W 型推拉销的形状示意图；（b）R 型推拉销的形状示意图

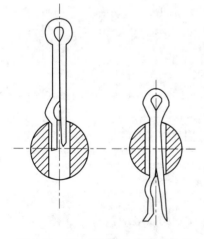

图 2-41　闭口销插入和安装后情况

（2）环—链系列连接金具。环—链连接是连接金具普遍使用的结构形式，其结构简单、受力条件好、转动灵活、不受方向的限制，转动角度比球—窝系列连接金具转动角度大。环—链系列连接金具，包括 U 形挂环、直角环、延长环（又名平行环或椭圆环）及 U 形螺栓等。

（3）板—板系列连接金具。板—板连接是连接金具普遍使用的简单结构形式，对盘形悬式绝缘子使用的板—板系列连接金具是双腿槽型与单腿扁脚的结构。板—板系列连接金具，主要包括平行挂板、直角挂板、U 形挂板、联板、牵引板、调整板、十字挂板和联板支撑等。

2. 悬垂联板和联塔金具

（1）悬垂联板。

悬垂联板的主要作用是连接和重新分布载荷，特高压直流输电线路子导线采用六分裂型式，无论悬垂串还是耐张串，关键是通过联板达到绝缘子串挂点到导线悬挂点的转换。

　　悬垂联板通常采用整体式和组合式，两种型式各有利弊。整体联板型式稳定性好，金具零件少，结构简单，在直线转角塔中使用易使导线保持正六边形；组合式联板型式可使悬垂线夹摆动灵活，单个导线出现纵向张力差时可以灵活转动，不相互牵制，单件重量轻，便于制造、运输和安装。整体式联板结构示意图，如图 2-42（a）所示；组合式联板结构示意图，如图 2-42（b）所示。

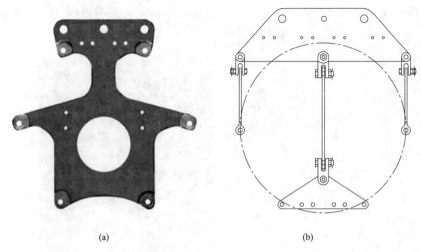

(a)　　　　　　　　　　　　　　　(b)

图 2-42　悬垂联板示意图
(a) 整体联板结构示意图；(b) 组合联板结构示意图

　　六分裂悬垂联板从防电晕角度看，整体联板的六挂点组成的正六边形区域是处于分裂导线形成的环形区域内部，电位梯度为零，不产生可见电晕。组合联板中，有两根子导线的连接金具（直角挂板和直角挂环）处于分裂导线形成的环形区域外部，在不加屏蔽环的情况下要考虑到此处的防晕处理。

　　我国特高压直流输电线路悬垂串中悬垂联板采用整体联板，悬垂线夹采用防晕型。特高压直流采用的两种绝缘子串型，如图 2-43 所示。

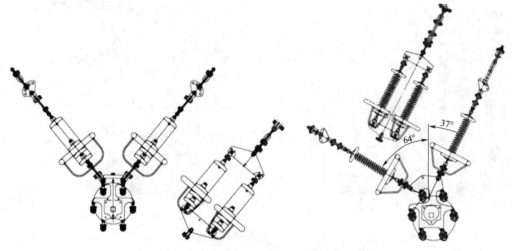

图 2-43　特高压直流 V 型和 L 型悬垂串示意图

　　八分裂悬垂联板是悬垂串中的关键金具。其主要作用是连接和重新分布荷载，即把荷载平均分成同一平面内的呈正八边形分布的八个挂点。如 64t 悬垂联板，荷载由 64t 平均分配为呈正八边形分布的 8 个挂点，每个挂点的荷载为 8t。苏联特高压交流输电线路悬垂串用的 8 分裂联板是整体联板。我国特高压中线的悬垂联板采用分体式联板，在直线转角塔中采用整体式 8 分裂联板。整体式联板稳定性好、金具零件少、结构简单；组合式联板可使悬垂线夹摆动灵活，单个导线出现纵向张力差时可以灵活转动，不相互牵制，单件质量轻，便于制造、运输和安装。组合式联板示意图，如图 2-44 所示。

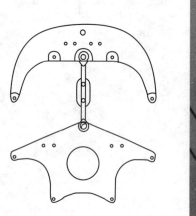
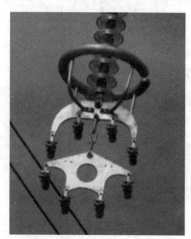

图 2-44　组合式联板示意图

　　我国特高压交流输电线路悬垂串型，如图 2-45 所示。

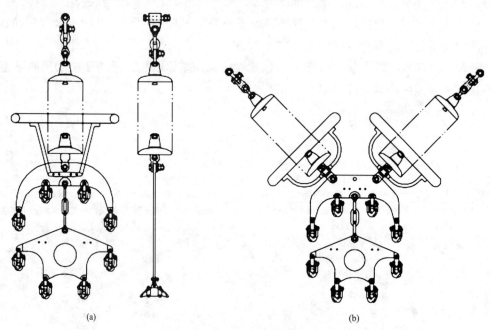

(a)　　　　　　　　　　　　　　　(b)

图 2-45　特高压交流输电线路悬垂串型示意图

（a）Ⅰ型；（b）Ⅴ型

我国 1000kV 晋东南—南阳—荆门特高压交流试验示范工程采用八分裂导线，导线采用 LGJ-500/45。无论悬垂串还是耐张串，关键是一变八、二变八联板的选型。

（2）联塔金具。

在两个正交的方向上灵活转动，要求联塔金具有足够的机械强度并具有一定的耐磨性。通过联塔金具将三个方向的导线荷载传递给铁塔，即垂直荷载（导线自重及冰重）、水平荷载（风载荷及导线角度张力）及纵向荷载（即顺线荷载断线张力或导线不平衡张力）。如果联塔金具不能顺着荷载的作用方向转动，金具本身就要承受附加的弯矩，因此，联塔金具要求能灵活转动，抗磨损，增大机械强度的裕度，同时便于生产加工和安装，并不会引起横担结构复杂化。

悬垂串联塔金具选型应考虑水平荷载（风荷载）和纵向荷载（断线）两个方向的受力摆动。V 型串的联塔金具应能保证在断线时平行于线路方向能灵活转动。

耐张串联塔金具应考虑水平荷载（风荷载）和铅垂方向的受力摆动。耐张塔有不同程度的转角，耐张串与横担成一定的角度，为避免导线张力在联塔金具上产生弯矩，应缩短这两个方向转动点的距离。

国内常见的联塔金具的品种有 U 型螺栓、UB 挂板、U 型挂环等。这些联塔金具分别在两端来适应两个方向的转动，故使金具承受弯矩作用而容易遭受破坏。在我国超高压线路中，V 型悬垂串采用的联塔金具多为 U 型挂环、直角挂板、EB 型耳轴挂板。

EB 型联塔金具考虑到受力稳定性因素，这两个转动点并不能完全重叠在一点，如图 2-46（a）所示。

GD 型联塔金具缩小了两个方向转动点之间的距离，从而大大提高了联塔金具的可靠性，但其缺点是需要在加工和组装铁塔时就将它们安装好，使铁塔横担结构变得较为复杂，螺栓和本体连为一体，安装制造不方便。联塔金具示意图，如图 2-46（b）所示。

桥式联塔金具的两个转动轴相互垂直且在同一平面内，这样联塔金具挂耳两侧受力均匀，下端转动灵活，自由转动角度较大，充分适应在实际运行中出现的各种工况，不至于出现由于金具串的风偏而发生的位置干扰。同时也避免了由于转动问题而附加在串上的应力，从而提高了安全可靠性。其适用耐张串的转角为 $-45°\sim45°$，桥式联塔金具，如图 2-47 所示。

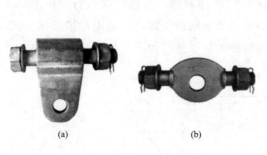

图 2-46 联塔金具示意图
（a）EB 型；（b）GD 型

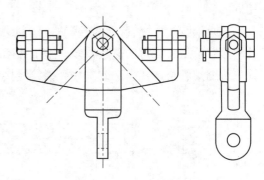

图 2-47 桥式联塔金具

特高压线路联塔金具悬垂串使用 EB 型，耐张串使用 GD 型或桥式联塔金具。采用 GD 型和 EB 型的联塔金具避免了 UB 挂板、U 型挂环等金具受力不合理的现象，提高了线路运行的可靠性。特高压大跨越耐张塔不存在转角的问题，使用 EB 耳轴挂板，采用螺栓与铁塔固定，施工方便。

（四）接续金具

接续金具用于架空输电线路的导线及地线两终端，承受导线及地线全部张力的接续，不承受全部张力的接续，也用于导线及地线断股的补修。

接续金具既承受导线或地线的全部拉力，同时又是导电体。因此，接续金具接续后必须满足以下条件：

（1）接续点的机械强度，应不小于被接续导线计算拉断力的 90%；

（2）接续点的电阻，应不大于被接续等长导线的电阻；

（3）接续点在额定电压下，长期通过最大负荷电流时，其温升不得超过导线的温升。

按接续方法的不同，接续可分为绞接、对接、搭接、插接和螺接等。定型的接续金具按施工方法和结构形状的不同分为钳压接续金具、液压接续金具、爆压接续金具、螺栓接续金具及预绞丝缠绕的螺旋接续金具五类。其中钳压接续金具和螺栓接续金具用于低电压等级线路。

1. 液压接续金具

以液压方法接续导线及地线时，用一定吨位的液压机和规定尺寸的压缩钢模进行，接续管在受压后产生塑性变形，使接续管与导线成为一个整体。因此，液压接续有足够的机械强度和良好的电气接触性能。

接续管形状有两种：一种接续管压缩前为椭圆形，压缩后为圆形；另一种接续管压缩前为圆形，压缩后为正六角形或扁六角形。后者具有压力均匀、材料省及施工方便等优点。

液压接续分为钢芯对接与钢芯搭接两种接续方法。钢芯对接是众所周知的习惯接续方法；钢芯搭接是新近试验成功的接续方法，具有可缩短接续管长度和减少压缩工作量的优点。钢芯搭接液压接续时，先将钢芯端头搭接于薄壁无缝钢管中，搭接时钢芯必须散股，搭接后填充两根单股钢丝，然后进行液压，压缩方法与常规液压方法相同。

（1）铝绞线接续管。铝绞线的接续通常采用椭圆形的铝绞线接续管进行钳压接续。这种接续管很长，钳压模数较多，施工并不方便。如液压设备配套，采用对接液压接续管，可缩短管长，减少压缩次数。铝绞线接续管的形状示意图如图 2-48 所示。

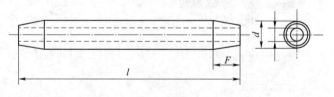

图 2-48 接续管的形状示意图

（2）铝合金绞线接续管。铝合金绞线机械强度大、铝材硬度高，不适于用椭圆形接续管进行搭接钳压接续，必须使用圆形接续管进行对接。压缩铝合金绞线接续管的形状示意图，如图 2-48 所示。

（3）钢芯铝绞线及钢芯铝合金绞线接续管（钢芯对接）。钢芯铝绞线及钢芯铝合金绞线接续管由钢管和铝管组成。钢管采用含碳量较低的钢或 10 号优质无缝钢管制造，或采用圆钢经钻孔制造，管材硬度应低于 133HB，具有硬度低、塑性好、握力大等特点。铝管采用纯度不低于 99.5％的铝，经拉制而成，拉制后的铝管应进行退火处理，其硬度不超过 25HB。钢芯铝绞线及钢芯铝合金绞线接续管的形状示意图，如图 2-48 所示。

（4）架空地线良导体接续管。作为架空地线的良导体有铝包钢绞线、钢芯铝合金绞线及铝钢截面比 $m=1.71$ 的钢芯铝绞线。这些导线的特点是钢芯强度高、外径大，接续时钢芯采用对接。接续用钢管的外径均大于导线总外径，钢管外套以铝管供载流用，由于铝线与铝管之间的间隙较大，需在钢管两端加套铝套管后再进行液压。架空地线良导体接续管的形状示意图，如图 2-48 所示。

（5）钢芯铝绞线接续管（钢芯散股搭接）。具有钢芯的各种组合绞线（钢芯铝绞线、钢芯铝合金绞线及钢芯铝包钢绞线等），习惯的接续方法是钢芯对接。这种钢芯对接的接续管较长，当通过放线滑车时容易产生弯曲变形。若采用钢芯搭接，接续管的管长可缩短 1/2，铝管总长也可相应缩短。当采用短钢管进行钢芯搭接接续时，钢芯必须散股自由搭接；为增加密实度，钢芯搭接后需填入 2～3 根单股钢丝。钢芯搭接接续时的压缩方法与一般液压方法相同。

采用钢芯搭接具有钢管材料省、造价低，铝管短、节约铝材，施工时压缩模数减少、提高施工效率等优点。钢芯铝绞线（钢芯散股搭接）接续管的形状示意图如图 2-48 所示。

2. 导线补修用接续金具

架空输电线路在施工过程中，经常会发生钢芯铝绞线外层铝股磨损、折断，在线路运行中也会由于外力损伤而产生断股和振动断股现象。发现这种情况应及时给予适当的导线补修处理，避免散股的继续扩大而导致机械强度的降低。

根据国家标准规定：单金属导线在同一截面处损伤面积占总截面的 7％以下，可以采用单铝丝或铝包带缠绕方法补修；当截面损伤占总截面积的 7％～17％时，应采用补修管进行补修。

钢芯铝绞线在同一截面处的损伤面积占铝股总面积的 7％以下，可采用单铝丝、铝包带或预绞式补修条补修；损伤面积占铝股总面积的 7％～25％时，应采用补修管进行补修钢绞线 7 股组成的断 1 股、19 股组成的断 2 股，应采用补修管进行补修。采用压缩型补修管有较好的补强效果，压缩后握力不低于导线或地线计算拉断力的 90％。

定型的补修管为抽匣式，便于在运行中进行补修。压缩型补修管的形状示意图，如图 2-49 所示。它的型号有 JE300 等多种，可根据修补导线的大小来选择。

预绞丝补修条是以铝合金预制成形的、富有弹性的螺旋状单丝，安装时不需任何工具，拆卸下的预绞丝仍可重新利用。这种补修条仅能用于断股 7％及以下损伤范围不大的线段上，以使断股范围不致扩大，但达不到补强效果。预绞丝补修条的形状示意图，如图 2-50 所示。

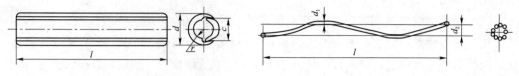

图 2-49　压缩型补修管的形状示意图　　　图 2-50　预绞丝补修条的形状示意图

3. 预绞式导线接续条

预绞式导线接续条可分为：普通接续条、钢芯铝绞线接续条（全张力接续条）和跳线接续条等。钢芯铝绞线接续条由内层钢芯接续条、填充条和外层接续条三层接续条组成，用于钢芯铝绞线的断线接续、破损线修复等场合。与目前广泛使用的接续管、爆压管相比，钢芯铝绞线接续条具有接续质量好、易于安装、耐腐蚀、不影响导线原有机械特性和电气性能等特点，使用接续条可以说是真正意义上的"接续"。

钢芯铝绞线接续条的形状示意图如图 2-51 所示。外部线条由铝合金制成，内部线条由镀锌钢丝制成，均需分组和喷砂处理。填充条由铝合金制成，不一定需要分组，不喷砂处理。中心标记是安装中对齐线条的参照标记，色标用于鉴别适用导线的尺寸。

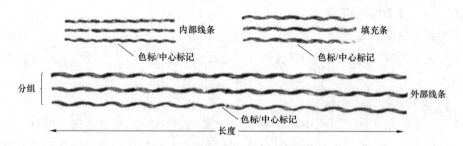

图 2-51　钢芯铝绞线接续条的形状示意图

（五）防护金具

防护金具包括用于导线和地线的机械防护金具及用于绝缘子的电气防护金具两大类。机械防护金具有防止导线和地线振动的护线条、防振锤、间隔棒及悬重锤等。电气防护金具有绝缘子串用的均压环，防止产生电晕的屏蔽环及均压和屏蔽组成整体的均压屏蔽环。

1. 机械防振金具

架空输电线路导线和地线的振动，是由风引起在垂直面上的周期性摆动，且在整个档距内形成一系列振幅不大的驻波。导线长期振动会使导线材料产生附加的机械应力，随着时间的推移致使导线产生疲劳而断裂。

导线的振动对线路的安全运行威胁很大，除了引起导线断股以外，还可能使绝缘子钢脚松动脱落、金具配件磨损，甚至造成杆塔的破坏。

目前对导线的振动保护有以下四种防振金具：

（1）预绞丝护线条。用具有弹性的高强度铝合金丝按规定根数为一组制成螺旋状的预绞丝护线条，紧缠在导线外层，装入悬挂点的线夹中，以增加导线刚度，减少在线夹出口处导线的附加弯曲应力，加强导线抗震能力。预绞丝护线条成形内径比导线外径小15%～17%，因此，借助于材料弹性压紧在导线上，不产生滑移。预绞丝护线条安装简单，不需携带任何工具，运行维护也很方便。当检查预绞丝护线条内部导线是否有断股时，可拆开预绞丝，经检查合格后仍可重新缠绕，继续使用。标准钢芯铝绞线用预绞丝护线条的形状示意图，如图 2-52 所示。

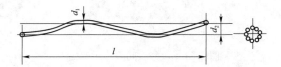

图 2-52　标准钢芯铝绞线用预绞丝护线条的形状示意图

（2）防振锤。消除导线振动的有效方法是在导线上加装防振锤。防振锤由一定质量的重锤和具有较高弹性、高强度的镀锌钢绞线及线夹组成。防振锤的消振性能与防振锤的有效工作频率范围有关。当导线产生振动时，悬挂在导线上的防振锤的相对运动吸收了导线的振动能量，从而降低和消除了导线的振动。目前常用的有多频防振锤，其形状示意图，如图 2-53 所示。

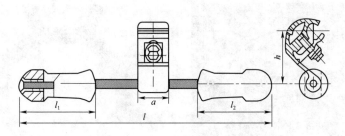

图 2-53　多频防振锤形状示意图

（3）间隔棒。远距离、大容量的特高压输电线路每相导线采用了六分裂或更多分裂的导线间隔棒。为保证分裂导线间距保持不变以满足电气性能，降低表面电位梯度，以及在短路情况下导线线束间不致产生电磁力而造成相互吸引碰撞，或虽引起瞬间的吸引碰撞，但事故消除后即能恢复到正常状态，因而在档距中相隔一定距离安装了间隔棒。安装间隔棒对次档距振荡和微风振动也可起到一定的抑制作用。

1）间隔棒类型。间隔棒按使用性能分为刚性间隔棒、柔性间隔棒和阻尼间隔棒三类。刚性间隔棒使各子导线之间不产生任何位移，但对于抑制微风振动和次档距振荡效果较差。柔性间隔棒利用弹簧作为储存能量的元件，将振动能量暂时储存，然后缓慢释放，其特点是线夹附近导线不受硬弯曲，短路电流过后恢复性能好。阻尼间隔棒利用在关节处嵌入的橡胶垫，消耗振动能量，对抑制微风振动和次档距振荡效果明显，并且在线夹处也有橡胶垫，可对导线进行保护。

特高压输电线路中一般采用阻尼间隔棒，一方面，使一相导线中各根子导线之间保持适当的间距；另一方面，通过自身的阻尼特性，降低微风振动和次档距振荡对导线带来的危害。六分裂间隔棒示意图，如图 2-54 所示。

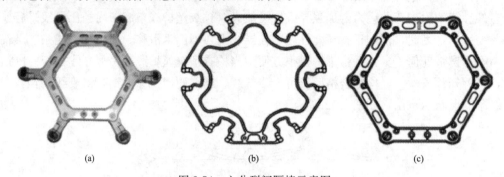

图 2-54　六分裂间隔棒示意图

（a）阻尼间隔棒；（b）单框架间隔棒；（c）双框架间隔棒

我国对特高压交流输电线路分裂导线间隔棒进行了研究，1000kV 晋东南—南阳—荆门特高压交流试验示范工程采用八分裂导线，导线型号为 LGJ-500/45。线路采用的八分裂阻尼间隔棒，如图 2-55 所示。间隔棒以铝合金材料铸造，本体为正八边形，线夹与本体通过阻尼橡胶连接，属于阻尼间隔棒，线夹以销轴连接方式握紧导线，并垫有橡胶垫，可以有效保护导线。

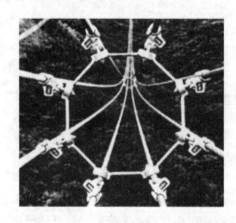

图 2-55　特高压输电线路八分裂间隔棒

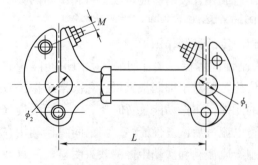

图 2-56　引线间隔棒的形状示意图

2）引线间隔棒。分裂导线的上两根导线引流线引下时，会碰到下两根导线，当导线摆动时会产生导线的磨伤。因此应在引下线与延长拉杆之间安装引线间隔棒。引线间隔棒的形状示意图，如图 2-56 所示。

3）跳线间隔棒。分裂导线在耐张杆塔跳线上固定导线用跳线间隔棒。特高压输电路跳线间隔棒的形状示意图，如图 2-57

所示。它的型号为 FJGY。

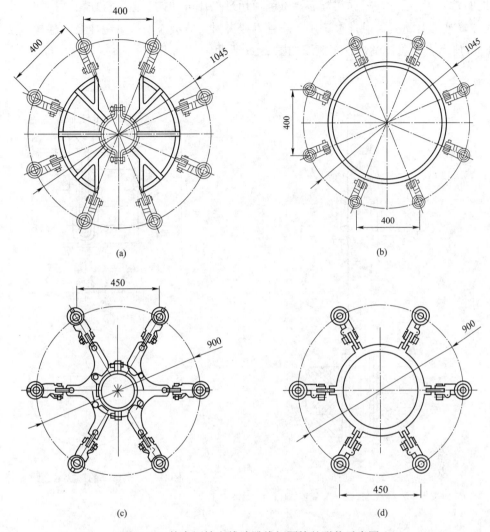

图 2-57　特高压输电线路跳线间隔棒的形状示意图

(a) 1000kV 抱箍式跳线间隔棒；(b) 1000kV 八分裂跳线间隔棒；

(c) 800kV 抱箍式跳线间隔棒；(d) 800kV 六分裂跳线间隔棒

（4）悬重锤。悬重锤是在直线杆塔悬垂绝缘子串或非直线杆塔跳线对杆塔绝缘间隙不足时采用的保护金具。

架空输电线路需采用增加绝缘子串垂直荷重、降低导线悬挂点和使用 V 形绝缘子串等措施补救的情况有：

1）直线杆塔的悬垂绝缘子串风偏角超过允许值，对杆塔绝缘间隙不足时；

2）直线杆塔的悬垂绝缘子串或地线悬垂组合产生上拔时；

3）采用直线杆塔换位，悬垂绝缘子串向塔身偏移，对杆塔绝缘间隙不足时；

4）旧线路升压运行而导致对杆塔构件绝缘间隙不足时。

根据上述各种情况的偏移角算出增加垂直荷重值，在绝缘子串下面加挂悬重锤。

悬重锤由重锤片、重锤座和挂板组成。重锤片用生铁制造，每片重 15kg，每个重锤座可以装片重锤片，根据实际需要重锤片超过三片可加挂三腿平行挂板，每加一个挂板可以增挂三片重锤。悬挂重锤用一般悬垂线夹时，线夹应增挂重锤挂板，悬挂方法如图 2-58 所示，悬重锤的形状示意图如图 2-59 所示。

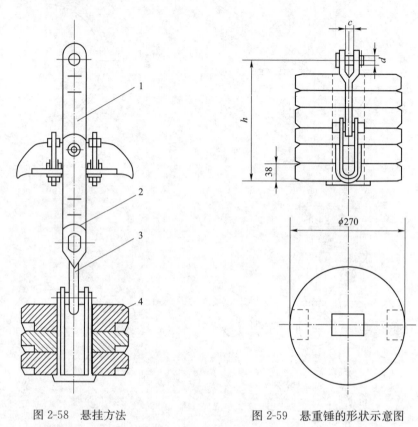

图 2-58　悬挂方法　　　　　　　　图 2-59　悬重锤的形状示意图

1—悬垂线夹；2—挂重锤挂板；3—U 型挂环；4—重锤

2. 电气防护金具

均压环和屏蔽环因安装位置不同而作用不同，最终目的都是控制绝缘子串上的电晕强度。均压环是控制绝缘子上的电晕，屏蔽环是控制绝缘子串金具的电晕。均压屏蔽环兼做均压环和屏蔽环的作用。

（1）均压环。在特高压线路中，绝缘子串的绝缘子片数很多，绝缘子串中的每片绝缘子上的电压分布不均，靠近导线的第一片绝缘子承受了极高的电压，因此第一片绝缘子劣化率很高。为改善绝缘子串中绝缘子的电压分布，在绝缘子串上加装了均压环。均压环由无缝钢管制成，结构形式有圆形、长椭圆形、倒三角形和轮形等。安装均压环时，其钢管边缘在第一片绝缘子瓷裙以上或等高线上效果最好，一般安装在距第一片绝缘子瓷裙 75～100mm 处，以避免第一片绝缘子附件早期出现电晕均压环的边缘至绝缘子裙边距离为 150～250mm。工程上选用时均应通过试验来确定最佳尺寸。

（2）屏蔽环。330kV 以上电压的输电线路和变电站，由于电压很高，当导线和金具表面的电位梯度大于临界值时，就会出现电晕放电现象。这种现象除消耗一定电量外，还对无线电产生干扰。加装屏蔽环后，形成了均匀电场，就不可能产生电晕放电。

（3）均压屏蔽环。在特高压线路上，为简化均压环和屏蔽环的安装条件，将这两种环设计成一个整体，称为均压屏蔽环。一般来说，均压环本身除均压外，还起屏蔽作用。均压环是对绝缘子的保护，屏蔽环是对金具的保护。因此，屏蔽环自身应屏蔽，即管的表面应光洁无毛刺，以达到自身不产生电晕的目的。

均压环和屏蔽环的安装均应在架线后附件安装时进行。在施工和检修时均不得脚踏均压环，以避免变形。

特高压输电线路中，绝缘子串不但承担着大的机械负荷，还必须满足电晕、无线电干扰等电磁环境方面的要求。由于绝缘子串的各个绝缘子对导线及杆塔杂散电容的不同，沿绝缘子串的电压分布极不均匀，导线侧的绝缘子所承受的电压远远超过其他绝缘子，导线侧绝缘子附近电场强度数值也相对较高，这使得绝缘子串的起晕、劣化往往从导线侧绝缘子开始。

均压环和屏蔽环可以有效地改善绝缘子串的电场分布，起到防晕作用。均压环是控制绝缘子上的电晕，屏蔽环是控制绝缘子串金具的电晕。均压屏蔽环兼做均压环和屏蔽环的作用。特高压直流输电线路由于电压等级的提高，电晕和无线电干扰问题、绝缘子串的电压分布问题上升为主要问题。在特高压直流输电线路的设计中，必须关注这个问题。

对均压环和屏蔽环的结构，首先要确定的是管径，管表面电位梯度必须小于产生电晕的临界电位梯度。

关于环的形状，基本要求是屏蔽范围合适，不要过于复杂。目前线路上运行的均压环采用简单的圆环形，而屏蔽环的结构大小要稍大于被屏蔽物才能有好的屏蔽效果，采用两侧轮形。所谓的圆环形和轮形并不是理论上的圆，而是根据被屏蔽物的形状采用圆、椭圆或近方形圆等。因为均压环是套在绝缘子串的外面，为了在装、卸时不必卸开导线。

我国特高压交流线路中，均压环采用开口跑道型圆环的形式，屏蔽环没有采用以往的轮形，而是采用开口圆环的形式，通过组合实现屏蔽范围的全覆盖。开口环最大的优点就是安装、检修和更换非常方便，但应控制好开口距离，以消除端部效应。我国特高压交流试验示范工程耐张串均压环和屏蔽环的型式，如图 2-60 所示。

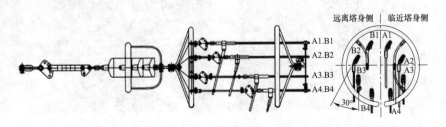

图 2-60　特高压交流试验示范工程耐张串均压环和屏蔽环的型式（一）

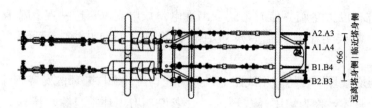

图 2-60　特高压交流试验示范工程耐张串均压环和屏蔽环的型式（二）

　　我国特高压直流输电线路绝缘子串较长，10 多米以上，尤其是重冰区绝缘子长 15m 左右联间距增大，均压环和屏蔽环的结构尺寸比较大，安装较困难。采用分体式均压环可以方便安装。我国特高压直流线路耐张串均压环和屏蔽环结构示意图，如 2-61 所示。

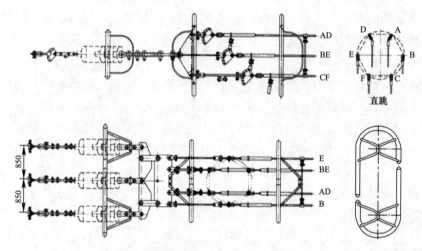

图 2-61　特高压直流线路耐张串均压环和屏蔽环结构示意图

（六）拉线金具

　　拉线金具用于调整和稳固杆塔扶手，主要有可调式 UT 形线夹、钢线卡子及双拉线联板等，如图 2-62 和图 2-63 所示。

图 2-62　1000kV 特高压杆塔拉线扶手

图 2-63　杆塔横担防坠落拉索

（七）跳线金具

跳线是将耐张塔两侧的导线连接起来，形成电流通道。跳线弧垂及偏移主要取决于跳线或固定跳线的方式。

特高压输电线路由于绝缘子片数多、吨位大，导致跳线间距离增大即跳线档距变长，引起跳线弧垂增大，跳线风偏后对铁塔构件的间隙往往决定着杆塔的线间距离，并且最终决定着杆塔的经济指标。因此，特高压线路采用刚性结构跳线，分为有铝管式刚性跳线和笼式刚性跳线。

笼式跳线与普通软跳线相比，增加一个跳线支撑装置，将跳线固定在支撑架上，增加跳线刚性、减小跳线弧垂。管式跳线是将导流的跳线用两根铝管代替，铝管通过拉杆或跳线绝缘子串连接至耐张绝缘子串或铁塔上，铝管既导流又起支撑作用，该方式在铝合金管和引流线接头处易产生电晕。

1. 铝管式刚性跳线金具

铝管式刚性跳线可以不考虑耐张塔两侧分裂导线的数量是否相同，而且具有便于加工、施工方便、造型美观的特点。铝管部分可以在工厂加工并预组装，加快了跳线的安装速度减轻了现场工人高空作业的强度。

铝管式刚性跳线由铝管部分以及铝管两侧的软线部分三部分组成。铝管部分主要为两根水平排列的铝管，中间用刚性间隔棒连接以及悬吊铝管部分。铝管两端与一变四（二变八）线夹、引流线夹、引流线等连接。特高压跳线铝管总长约15m，考虑到加工运输等因素，铝管采用两段铝管连接，连接方式有加热套安装内衬管的焊接、螺栓连接的金具固定、内衬管与金具配合等。

铝管式刚性跳线金具主要有铝管终端金具、软跳线间隔棒、悬吊金具、爬梯、铝管间隔棒和屏蔽环等。

铝管终端金具是铝管式刚性跳线的重要金具之一，位于铝管的两端，与八分裂跳线连接，需要具备电气性能好、结构合理、安装方便，可在一定范围内调节跳线长度等特点。

软跳线间隔棒可保证软跳线部分的形状，在铝管式刚性跳线的八分裂软跳线上需安装若干刚性间隔棒，如图2-64～图2-67所示。

2. 笼式刚性跳线金具

笼式跳线的结构，如图2-68～图2-70所示。

笼式刚性跳线由三部分组成，即刚性部分以及两侧的软线部分。主要组成部件有：钢管9～16m（可分成多节，采用法兰连接），多分裂间隔棒（钢管中间固定跳线用、钢管端头固定跳线用、软跳线用），悬吊装置（与斜拉杆或跳线串连接），绝缘子（与斜拉杆配套使用），跳线串或斜拉杆，重锤。

与笼式刚性跳线相比，铝管式刚性跳线是将跳线下侧一段普通软跳线用两根铝管替代，铝管通过拉杆或跳线绝缘子串连接至耐张绝缘子串或铁塔上，铝管既导流又起支撑作用。

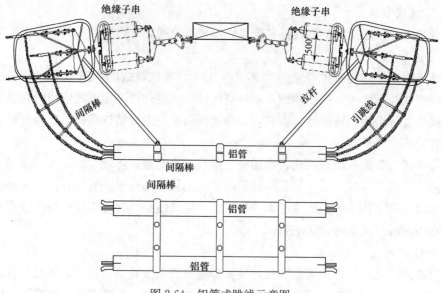

图 2-64　铝管式跳线示意图

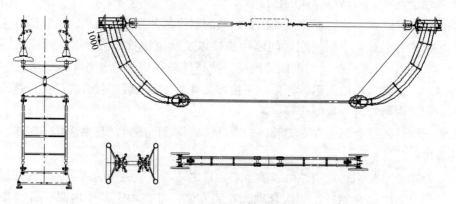

图 2-65　带拉杆或爬梯的刚性跳线

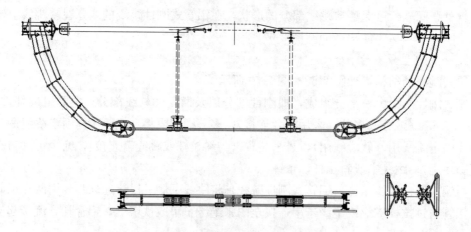

图 2-66　带跳线串的刚性跳线

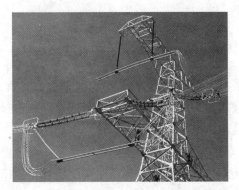

图 2-67 铝管式跳线架设照片

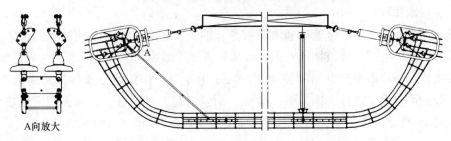

A向放大

图 2-68 笼式刚性跳线结构

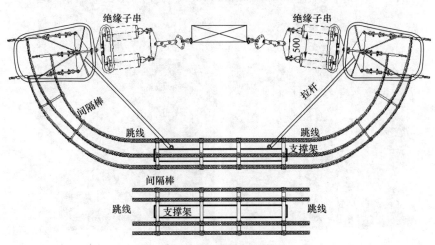

绝缘子串　　绝缘子串

拉杆

间隔棒　　跳线　　跳线　　支撑架

间隔棒

跳线　支撑架　跳线

图 2-69 笼式跳线示意图

图 2-70 笼式跳线照片

55

第六节 接 地 装 置

输电线路杆塔接地装置是输电线路的重要组成部分，是接地体和接地引下线的总称。接地体散流电阻、接地引下线电阻和接触电阻的总和称为接地电阻。

接地装置的作用是确保雷电流可靠泄入大地，保护线路设备绝缘，减少线路雷击跳闸率，提高运行可靠性和避免跨步电压产生的人身伤害。对输电线路杆塔接地装置进行规范管理和维护，确保接地装置完整性，接地装置接地电阻合格，可以提高线路耐雷水平，降低输电线路雷击跳闸率。

一、接地体种类

接地体主要分为自然接地体和人工接地体两类。各类直接与大地接触的金属构件、金属井管、钢筋混凝土建筑物的基础、金属管道和设备等用来兼作接地的金属导体称为自然接地体，一般用于变电站的接地。埋入地中专门用作接地金属导体称为人工接地体，它包括铜包钢接地棒、铜包钢接地极、铜包扁钢、电解离子接地极、柔性接地体、接地模块、"高导模块"等。铜覆钢接地体，如图 2-71 所示。

图 2-71　铜覆钢接地体

由于特高压输电线路杆塔基础尺寸大、桩基础较长、钢筋很多，杆塔基础的散流能力较强，基础本身的自然接地电阻也较小。因此，在特高压杆塔接地极的设计中，可以充分考虑特高压杆塔的自然接地作用，使杆塔接地电阻既能满足要求，又能提高特高压输变电工程的技术经济性。

根据接地体敷设方式的不同，接地体有水平接地体和垂直接地体两种形式。水平接地体一般采用圆钢或扁钢，垂直接地体一般采用角钢或钢管。两种接地形式，如图 2-72所示。

二、接地装置型式

（1）在土壤电阻率 $p \leqslant 100\Omega \cdot m$ 的潮湿地区，可利用铁塔和钢筋混凝土杆自然接地。对发电厂、变电站的进线段应另设雷电保护接地装置。在居民区，当自然接地电阻符合要求时，可不设人工接地装置。

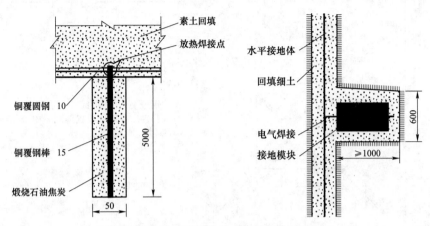

图 2-72　垂直接地体与水平接地体示意图

（2）在土壤电阻率 $100\Omega \cdot m < p \leqslant 300\Omega \cdot m$ 的地区，除利用铁塔和钢筋混凝土杆的自然接地外，还应增设人工接地装置，接地极埋设深度不宜小于 0.6m。

（3）在土壤电阻率 $300\Omega \cdot m < p \leqslant 2000\Omega \cdot m$ 的地区，可采用水平敷设的接地装置，接地极埋设深度不宜小于 0.5m。

（4）在土壤电阻率 $p > 2000\Omega \cdot m$ 的地区，可采用 6～8 根总长度不超过 500m 的放射形接地极或连续伸长接地极。放射形接地极可采用长短结合的方式。接地极埋设深度不宜小于 0.3m。

（5）居民区和水田中的接地装置，宜围绕杆塔基础敷设成闭合环形。

（6）放射形接地极。放射形接地极每根的最大长度根据土壤电阻率不同在 40～100m 之间。

（7）在高土壤电阻率地区采用放射形接地装置，当在杆塔基础的放射形接地极每根长度的 1.5 倍范围内有土壤电阻率较低的地带时，可部分采用引外接地或其他措施。

主要接地型式，如表 2-19 所示。

表 2-19　　　　　　　　　　　主 要 接 地 型 式

接地型式	图形	说明
TC25-5 TC30-5		铜覆钢，无射线，S 为框线边长，不同型式对应的 S 长度不同，从接地装置明细表中查找

续表

接地型式	图形	说明
TC30-30	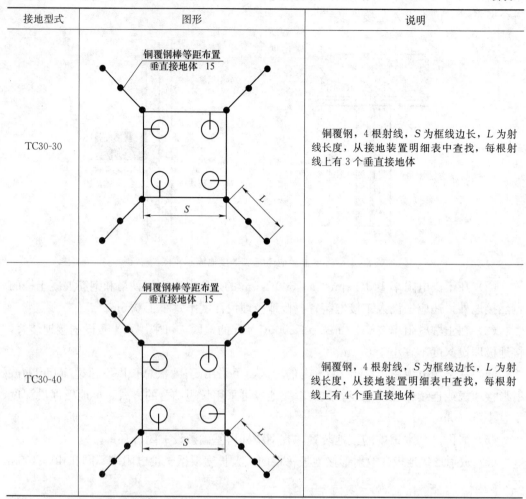	铜覆钢，4根射线，S 为框线边长，L 为射线长度，从接地装置明细表中查找，每根射线上有3个垂直接地体
TC30-40		铜覆钢，4根射线，S 为框线边长，L 为射线长度，从接地装置明细表中查找，每根射线上有4个垂直接地体

三、特高压线路接地装置

特高压线路接地体形式主要有三种，分别是镀锌圆钢接地、铜覆钢接地和接地模块接地。

1. 镀锌圆钢接地

镀锌圆钢适用于土壤电阻率不大于 $2000\Omega\cdot m$，与无铜覆钢棒的铜覆圆钢施工要求一致，依据使用年最大工频允许电阻、造价和土壤电阻率而择优选用。

镀锌圆钢接地体采用常规电弧搭接焊，搭接焊缝长度为 90mm，双面焊，不采用气焊。

2. 铜覆钢接地

镀铜钢材料由于具有良好的导电性能、较高的机械强度，尤其是外部包覆的铜层具有良好的抗腐蚀性能，已被广泛地应用于接地装置中。

铜覆钢接地体连接采用放热焊接，工艺较为特殊。其中 TC30-30、TC30-40、TC30-50、TC30-90 四种接地型式需要埋设垂直接地体。

3. 接地模块接地

采用模块的塔位大多在山上运输较为困难，土壤电阻率较高的地区，在运输和施工过程中应防止接地模块裂缝。

降阻模块埋设深度一般为 1.1m，沟宽 0.6m，沟长 1m，降阻模块与接地线之间连接采用双面搭接焊，搭接焊缝长度为 100mm，焊接完毕冷却后涂刷沥青漆进行防腐。相邻的两个降阻模块不能位于射线的同一侧。如图 2-73 所示。

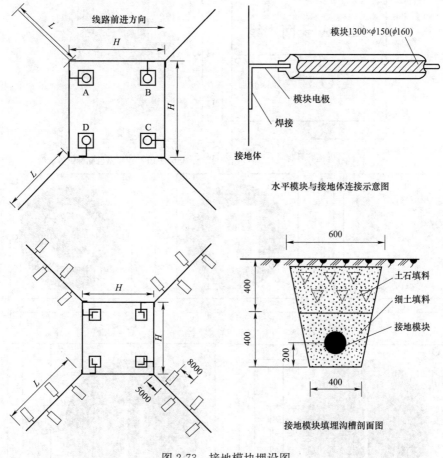

图 2-73　接地模块埋设图

第七节　附　属　设　施

附加在线路本体上的各类标志牌、相位牌、警示牌及各种技术监测或有特殊用途的装置称为附属设施，如线路避雷器、避雷针、防鸟装置、通信光缆（含 ADSS 等）和防冲撞、防拆卸、防洪水、防舞动、防覆冰、防风偏及防攀爬装置等。

特高压线路附属设施与其他电压等级线路的附属设置基本一样，主要包括线路标识、杆塔附件、附属装置三类。

一、线路标识

线路标识是指用以表达架空输电线路周围特定环境或设备信息的标识，一般由图形符号、安全色、几何形状（边框）和文字的全部或部分构成。线路标识分为设备标识、禁止标识、警示标识、提示标识四大类。

（1）设备标识一般包括杆号标识、相序标识、极性标识、线路色标等标识牌，如图 2-74 所示。

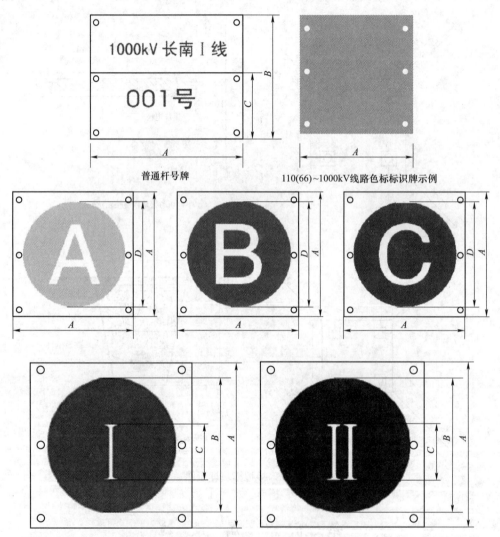

图 2-74　设备标识示意图

注：图中黑色边框为标识牌边界示意，不是边框线。

（2）禁止标识一般包括"禁止攀登，高压危险""禁止在保护区内建房""禁止向线路抛掷""做地桩""禁止取土""禁止在高压线下钓鱼"等警示标识，如图 2-75 所示。

（3）警示标识一般包括拉线防撞警示标识、杆塔防撞警示标识、限高警示标识、航道警示标识（身大型警示牌、河岸警示牌、浮标、警示屏、警航球）等警告标识，如图 2-76 所示。

图 2-75　禁止标识示意图

（4）提示标识一般包括维护分界标识、电力设施保护宣传提示标识、航巡指（标）示牌等，如图 2-77 所示。

二、杆塔附件

杆塔附件主要包括铁塔防坠落装置、高塔攀爬机、铁塔休息平台、扶手及其他辅助线路运行检修的附加装置等，如图 2-78 和图 2-79 所示。

三、附属装置

附属装置主要包括防雷装置、防鸟装置、防舞动装置、航空标识、在线监测装置、防撞装置等防护装置。

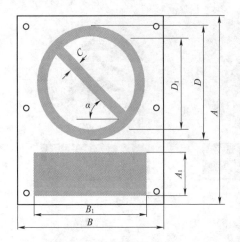

图 2-76　警示标识示意图

图 2-77　维护分界标识牌示意图

注：图中红色边框为标注尺寸边界
示意，不是标识牌的边框线。

(a)

(b)

图 2-78　铁塔防坠落装置

（a）铁塔防坠落轨道；（b）防坠落自锁器

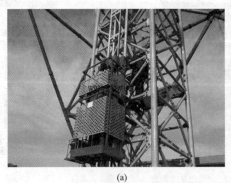

(a)

(b)

图 2-79　铁塔附加装置（一）

（a）XTP-180 型高塔攀爬机；（b）铁塔休息平台

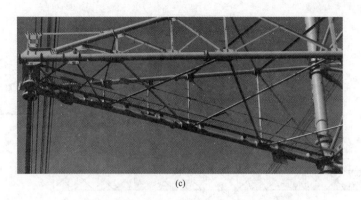

(c)

图 2-79　铁塔附加装置（二）

（c）走道及扶手

（一）航空标识

主要包括航空警示灯和航巡牌。

1. 航空警示灯

一般安装在距离机场较近的高塔上，在塔身安装三层，分别安装在塔顶、弧垂最低点对应处及上述两点间的中心点处，用于指示航空障碍，如图 2-80 所示。

(a)　　　　　　　　　　　　　(b)

图 2-80　航空警示灯

（a）塔顶航空警示灯；（b）塔身航空警示灯

2. 航巡牌

航巡牌用于直升机巡检时路径指示。航巡牌分为四种：①跨越牌（ ■、■、■ ）；②转角牌（ ← ）；③航巡杆塔牌（ ×× 线路 ）；④地线标示球。各标志牌两边各有四个孔，固定时采用卡箍绑扎于塔材上，挂设的孔统一挂设在 1、3 孔（从上往下数）。所有航巡牌均不得安装在导线正上方，以防航巡牌脱落砸伤导线。

（1）杆塔具体挂设位置。

1）耐张塔具体挂设位置，如图 2-81 所示。

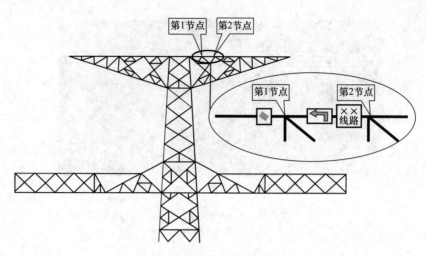

图 2-81　耐张塔具体挂设位置

2）直线塔具体挂设位置，如图 2-82 所示。

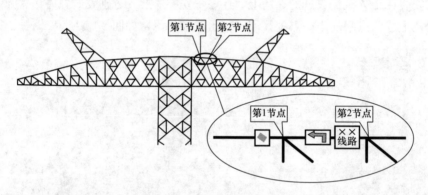

图 2-82　直线塔具体挂设位置

所有航巡牌均挂设于面向杆塔时杆塔右侧位置，"跨越牌"挂设在靠近第 1 节点靠塔身侧，如图 2-82 所示；"转角牌、航巡杆塔牌"挂设在靠近第 2 节点靠塔身侧，牌子之间的间距控制在 5cm，如图中所示；自塔身向节点方向的挂设顺序依次为"跨越牌、转角牌、航巡杆塔牌"。直线塔与耐张塔挂设原则一致，如该塔无需安装其中一类或两类牌，则空出该类牌安装位置。

（2）交叉跨越标示牌。

1）安装在铁塔相对跨越档的外侧，即小号侧塔安装在小号侧正面，大号侧塔安装在大号侧正面；

2）耐张塔依照图示安装在井口正面主材靠近右侧地线横担处；

3）直线塔安装在井口正面主材靠近右侧导线横担处。

交叉跨越标示牌安装示意图，如图 2-83～图 2-85 所示。

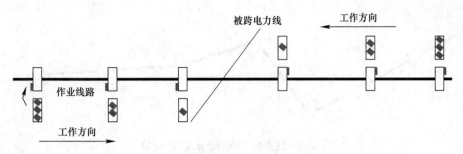

图 2-83　交叉跨越标识牌安装示意图（一）

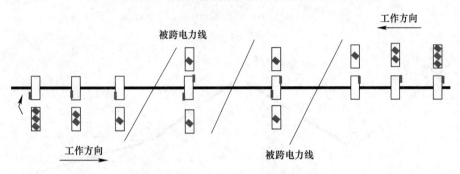

图 2-84　交叉跨越标识牌安装示意图（二）

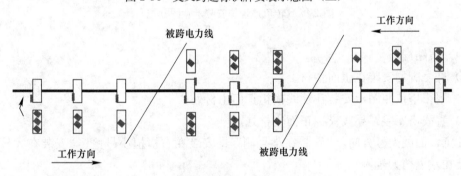

图 2-85　交叉跨越标识牌安装示意图（三）

（3）转角预告牌。

安装在转角塔前 2 基杆塔，即小号侧塔安装在小号侧正面主材上，大号侧塔安装在大号侧正面主材上。

转角预告牌安装示意图，如图 2-86～图 2-88 所示。

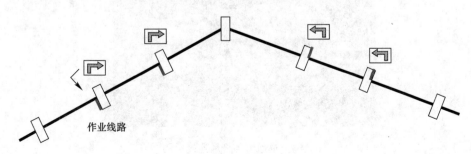

图 2-86　转角预告牌安装示意图（一）

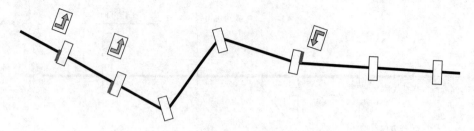

图 2-87 转角预告牌安装示意图（二）

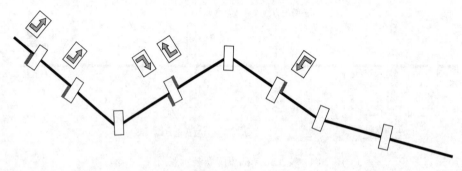

图 2-88 转角预告牌安装示意图（三）

（4）线路杆塔号牌。

1）杆号牌均安装在正面主材上；

2）耐张塔依照图示安装在地线横担正面主材处；

3）直线塔安装在导线横担正面主材处。

注意，面朝大号方向，"安装在小号侧"即安装在右横担小号侧；"安装在大号侧"即安装在左横档大号侧。

（5）巡航牌与杆塔连接。

固定时采用卡箍绑扎。挂设的孔统一挂设在 1、3 孔（从上往下数）；节点应设置在牌后，靠主材上侧，便于检查、检修如图 2-89 所示。

图 2-89 巡航牌与杆塔连接示例

（6）地线标示球安装方法。

1）安装方法。安装时，先将标示球的深槽卡在地线上，然后使用与地线外径配套型号的预绞丝加以固定，固定时预绞丝中间卡在标示球的浅槽里，两边缠绕在地线上，固定牢固。建议采取停电作业安装。

2）配套预绞丝规格型号。为使标示球固定牢固，所用的预绞丝要根据地线（光缆）的外径大小进行配置，目前采用的四种不同型号规格的预绞丝，可以满足大部分地线（光缆）的外径大小。配套预绞丝规格型号对照如表 2-20 所示。

表 2-20 　　　　　　　　　　　　预 绞 丝 型 号 对 照 表 　　　　　　　　　　　　mm

预绞丝型号	地线/光缆外径	预绞丝型号	地线/光缆外径
HPQ11-13	11～13	HPQ17-19	17～19
HPQ14-16	14～16	HPQ19-20	19～20

3）标示球安装方法如图 2-90 所示。

(a)

(b)

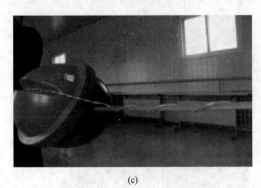
(c)

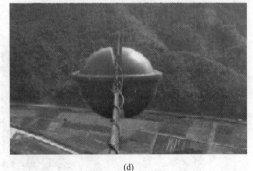
(d)

图 2-90　标示球安装方法

（a）将地线球深槽卡在地线；（b）将预绞线固定在地线；
（c）将预绞丝两边缠绕在地；（d）地线标示球安装完毕

4）标示球安装的位置和安装档的数量示意图，如图 2-91 所示。

图 2-91　标示球安装位置和安装档的数量示意图

说明：需安装标示球的线路段两根架空地线（光缆）上均要安装标示球。安装时，一档内标示球相隔距离为 100m，如一档内不能按 100m 间隔整分安装，可适当调整间隔，并在一档内平均分配安装，一档内两个地线标示球间隔应控制在 80～120m 范围内。一档内两根架空地线（光缆）上标示球的位置要对应安装。

（二）在线监测

特高压输电线路状态监测装置是指部署在线路本体和通道，对线路本体、气象环境、通道状况等实施监测的装置。根据特高压输电线路状态监测装置功能定位的不同，装置可分为环境风险监测类、本体状态监测类和故障定位监测类三种类型。

1. 环境风险监测类

环境风险监测类装置对线路通道中的气象环境、自然环境以及社会环境进行监测，该类型装置包括气象监测、图像/视频监控、雷电监测和山火监测等 4 类，如图 2-92 所示。

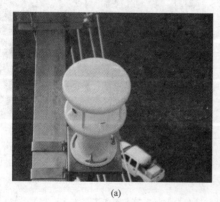

(a)　　　　　　　　　　　　　(b)

图 2-92　环境风险监测类装置（一）

（a）气象监测装置；（b）图像/视频监测装置

图 2-92　环境风险监测类装置（二）

（c）山火视频监测装置；（d）雷电探测站；（e）电源装置（太阳能板、风力机、蓄电池）

2. 本体状态监测类

本体状态监测类装置对线路本体可能遭受自然灾害破坏或扰动以及自身运行状态等情况进行监测，该类型装置包括覆冰监测、舞动监测、杆塔倾斜监测、微风振动监测、导线温度监测、导线风偏监测、导线弧垂监测和现场污秽度监测等 8 类，如图 2-93所示。

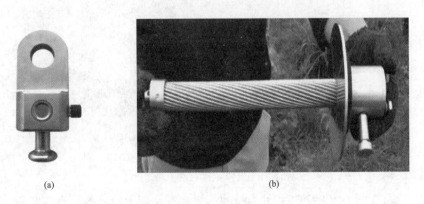

图 2-93　本体状态监测类装置（一）

（a）覆冰拉力传感器；（b）人工观冰器

图 2-93　本体状态监测类装置（二）

（c）小型气象观测器；（d）测温装置；（e）微风振动监测装置；（f）倾斜监测装置

3. 故障定位监测类

故障定位监测类装置对线路故障后的诊断点及故障原因进行监测，该类型装置包括分布式故障诊断定位监测等 1 类，如图 2-94 所示。

图 2-94　故障定位监测类装置

通过在线路杆塔上安装上述各种类型的监测装置，如图像监测、视频监测、红外热感监测、导线温度监测、微风振动监测、杆塔倾斜监测、覆冰监测、风偏监测、舞动监测、弧垂监测、微气象监测等装置，利用现代状态感知技术，结合山火监测、覆冰监测、雷电监测、地灾监测等预警系统，使特高压线路运行情况及通道环境在综合平台实时展现，我们称为线路可视化。

（三）防雷装置

1. 避雷器

特高压直流线路避雷器一般安装在导线下方，在塔上导线V串挂线点处安装好上电极，根据±800kV直流线路避雷器上电极与下电极之间空气间隙要求，调节避雷器底座支撑杆的长度至合适处并固定。间隙距离的确认十分重要，涉及避雷器的保护特性，应保证间隙距离为1.8m±0.1m，应使间隙电极平行对正（保证上下电极呈垂直姿态）。安装示意如图 2-95 所示，安装实例如图 2-96 所示。

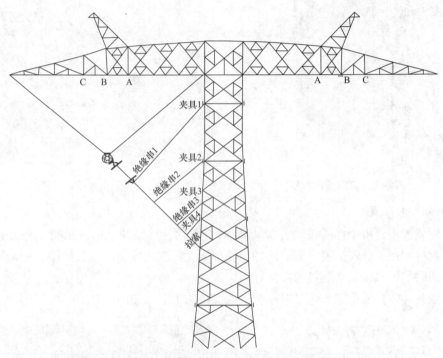

图 2-95　特高压直流线路避雷器安装示意图

特高压交流线路避雷器跟超高压线路避雷器类似，采用带空气间隙，目前特高压交流线路挂网试验的避雷器装置，如图 2-97 和图 2-98 所示。

图 2-96　特高压直流线路避雷器安装实例

图 2-97　特高压交流线路避雷器

2. 避雷针

特高压交流线路避雷针（见图 2-99）与超高压线路避雷针类似，突破了传统避雷设备"疏与堵"的"能量对抗"理念，从雷电波与雷电危害关系入手，深入分析雷电的电磁波特性和传输特性。通过滤除危害频率、阻碍尖峰传输、加强向外辐射、增大内部衰减的办法，实现对雷电避其害而顺其势的线路防雷功能。

对输电线路而言，雷电波的毛刺及脉冲前沿陡度是雷电危害最主要成分。波阻避雷针是基于雷电电磁脉冲危害原理设计的防雷波器件，用于雷电分布概率最高、对跳闸率影响最大的铁塔顶部区域，解决铁塔顶部区域的反击、绕击问题。

图 2-98　避雷器计数器

图 2-99　特高压交流线路杆塔避雷针

（四）防撞装置

防撞装置主要用于杆塔基础外缘 15m 内有车辆、机械频繁临近通行的线路段，对铁塔基础增加连梁补强措施，配套砖砌填沙护墩、消能抗撞桶、橡胶护圈、围墙等减缓冲击的辅助措施，并设立醒目的警告标识，或在固定施工作业点线路保护区位置装设临时限高装置，防止吊车或水泥泵车车臂进入线路防护区，如图 2-100～图 2-101 所示。

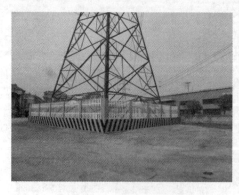
图 2-100　杆塔防撞挡墙

图 2-101　道路限高装置

（五）防鸟装置

防鸟装置主要包括：防鸟刺、防鸟挡板、防鸟针板、风车式惊鸟器、智能声光驱鸟器等装置驱鸟，或使用人造鸟巢、栖鸟架的方式对鸟进行引导，防止鸟类活动危害线路安全运行，如图 2-102 所示。

图 2-102　防鸟装置

（a）防鸟刺；（b）防鸟挡板；（c）防鸟针板；（d）风车式驱鸟器；

（e）智能声光驱鸟器；（f）人造鸟巢

第八节　接 地 极 系 统

在高压直流输电系统中为实现正常运行或故障时，以大地或海水作电流回路运行而专门设计和建造的一组装置的总称，称为接地极系统，它主要由接地极、接地极线路导流系统及其辅助设施组成，如图 2-103 所示。

图 2-103　高压直流输电系统中的接地极

一、接地极

放置在大地或海水中的导电元件的阵列,提供直流电流某一点与大地之间的低电阻通路,具有传输连续电流一定时间的能力。为防止直流接地极电流对直流控制系统和交流系统的影响,一般在站外数公里至几十公里处适当的场所埋设接地电极。当发生紧急情况,设备检修期,可利用大地或海水作为电流回路。

1. 接地极型式

按照安装场所的不同,接地极型式主要有陆地接地极、海水接地极和海岸接地极三种。

2. 接地极运行特性

(1) 电磁效应。当强大直流电流经接地极注入大地时,在极址土壤中形成一个恒定直流电磁场并伴随出现大地电位升高、地面跨步电压、接触电势等。

1) 直流电流场会改变接地极附近大磁场,可能使依靠大地磁场工作设施受影响。如:指南针、船上的磁罗盘。

2) 大地电位升高,对地下金属管、铠装电缆、接地电气设备(变压器、电力系统等)影响,因为这些设备比大地更能提供卸载电流通道。

3) 极址附近出现跨步电压和接触电势。

4) 与接地极相连的接地引线中的谐波电流产生多频交变磁场可能影响无线通信。

5) 对水生物影响。电位梯度达到 2.5V/M 时,鱼类会处于假死状态。

6) 海水中产生氯气,腐蚀金橡胶等材料设备,毒死水中生物。

(2) 热力效应。热力效应由于不同土壤电阻率的接地极呈现出不同的电阻率值,在直流电流的作用下,电极温度将升高。当温度升高到一定程度时,土壤中的水分将可能被蒸发掉,土壤的导电性能将会变差,电极将出现热不稳定,严重时将可使土壤烧结成几乎不导电的玻璃状体,电极将丧失运行功能。

影响电极温升的主要土壤参数有土壤电阻率、热导率、热容率和湿度等。因此,对于陆地(含海岸)电极,希望极址土壤有良好的导电和导热性能,有较大的热容系数和足够的湿度,这样才能保证接地极在运行中有良好的热稳定性能。

（3）电化效应。当直流电流通过电解液时，在电极上便产生氧化还原反应；电解液中的正离子移向阴极，在阴极和电子结合而进行还原反应；负离子移向阳极，在阳极给出电子而进行氧化反应。

大地中的水和盐类物质相当于电解液，当直流电流通过大地返回时，在阳极上产生氧化反应，使电极发生电腐蚀。电腐蚀不仅仅发生在电极上，也同样发生在埋在极址附近的地下金属设施的一端和电力系统接地网上。

此外，在电场的作用下，靠近电极附近土壤中的盐类物质可能被点解，形成自由离子。譬如在沿海地区，土壤中含有丰富的钠盐（NaCl），可点解成钠离子和氯离子。这些自由离子在一定的程度上将影响到电极的运行性能。

二、接地极线路

接在换流站直流电压中性点与接地极之间的线路称为直流输电接地极引线（简称接地极线路）。接地极线路可采用架空线路，也可采用电缆线路。一般长约 10 公里至 100km，多数工程采用架空线路。接地极线路电压最高只有数千伏，因线路本身电阻小，所以其电流很大。

在输电线路设计上与一般交直流线路不同点：

（1）绝缘要求不高；

（2）电流大，导线截面积大；

（3）需要防雷保护；

（4）离接地极附近杆塔基础需要绝缘处理；

（5）气象条件同 110kV 交流线路设计。

（6）路径选择，导地线、绝缘子、金具安全系数，杆塔和基础设计标准等同 220kV 交流线路设计。

（7）走廊宽度，对地距离及交叉跨越同 110kV 交流线路设计。

接地极线路同本体线路一样，也只有两相导线，一般采用水平对称布置。由于接地极线路工作电压小于 10kV，按工作电压要求，仅用 1 片绝缘子即可。但为了保证招弧角有足够的间隙和零值绝缘子的可能性，参照《高压直流输电大地返回运行系统设计技术规定》（DL/T 5224—2014）中的有关规程要求，接地极线路宜采用直流盘式绝缘子，绝缘子片数不得少于 2 片。一般工程的悬垂串、跳线串的直流绝缘子片数均为 3 片，耐张串的直流绝缘子片数为 4 片。空气间隙取值见表 2-21。

表 2-21	空气间隙推荐采用数值	mm
	接地极	
工频过电压	100	
操作过电压	250	
雷电过电压	450	
带电	400～600	

2015 年 3 月国家电网直流建设部《接地极线路设计标准指导书（试行）》：

第 3.1.1.2 条，特高压直流工程接地极线路的绝缘配置应该充分考虑操作过电压的影响，对不同的工程应根据换流站直流侧中性点母线的过电压水平，计算接地极线路沿线的过电压水平，根据沿线过电压分布及绝缘子操作冲击试验结果对接地极线路的绝缘配置采取分区段差异化设计。

悬垂、跳线绝缘子片数：线路靠近换流站区段使用 5 片绝缘子，靠近接地极区段使用 3 片绝缘子。

耐张绝缘子片数：线路靠近换流站区段使用 5 片绝缘子，靠近接地极区段使用 4 片绝缘子。

第 3.1.1.3 条，线路各区段长度划分应根据沿线过电压分布情况进行计算。计算方法可参考灵州换流站接地极线路绝缘配置案例。

第 3.1.2 条，在接地极线路绝缘子串的两端，应加装招弧角，防止因过电压击穿后直流续流烧坏绝缘子而掉线。招弧角宜水平布置，并配有拉弧角。招弧角的间隙应根据其被击穿后的直流续流大小合理取值。招弧角间隙应小于 0.8 倍绝缘子有效串长，以保证在过电压下被击穿。同时，招弧角间隙应大于直流续流电弧熄弧间隙，以保证能断开直流续流。招弧角间隙根据绝缘子片数取不同的值，按绝缘子片数 5、4、3 片分别取招弧角间隙为 680、540、400mm。

2015 年 11 月国网运检部针对特高压直流线路共用接地极的线路带电检修可行性与检修方案进行研究：

特高压直流线路共用接地极情况下，一条接地极线路正常运行、一条接地极线路检修（两侧挂地线或合上接地刀闸）时，若运行的接地极线路有电流通过，该电流将通过接地极和挂设的地线（装设的地刀）分流到检修接地极线路，威胁作业人员安全，必须采取带电作业方式。

根据中国电科院实测和计算结果，共用接地极线路在一条运行、一条检修（两端接地）情况下，运行接地极线路流过设计电流时，检修接地极线路最大分流为 1007A，产生的最高电压不超过 10kV，因此检修线路上的作业可按 10kV 输电带电作业要求开展。

共用接地极线路在一条运行、一条检修（两端接地）情况下，检修接地极线路根据其进出电场的塔型、进出电场方式及作业内容的不同，应选择不同的防感应电压和感应电流用具，具体如下：

（1）进出电场及作业过程中，若存在作业人员短接带电部分与接地构件之间间隙的可能时，作业人员应穿戴 10kV 绝缘服和绝缘手套，按 10kV 输电带电作业要求开展。

（2）进出电场及作业过程中，若不存在作业人员短接带电部分与接地构件之间间隙的可能时，作业人员可穿戴Ⅰ型屏蔽服和导电靴，按 10kV 输电带电作业要求开展。

直流系统正常运行中，若遇系统故障，接地极线路上可能产生的过电压（200kV 以上）和通过电流（最大 5000A）均较高，而接地极线路的外绝缘按 35kV 等级设计，不具备开展带电作业的条件，不开展接地极线路运行状态下的带电作业。

第三章

特高压线路故障及预防

目前，国家电网已实现全部电网交、直流互联，形成华北—华中—西南、华东、东北、西北四大同步电网。电网一体化特征不断加强，交直流、送受端电网间耦合日趋紧密，近区电网单次故障导致特高压直流短时多次换相失败条次大幅增加。直流跨区输送容量不断增加，换相失败产生的冲击不断加大，故障对电网的影响由局部转为全局。单相短路故障，可能引发多回直流同时换相失败，产生的暂态能量冲击最大可达 3200 万 kV。在对受端造成巨大有功、无功冲击的同时，对送端华北、华中、西南电网交流断面造成巨大冲击，严重情况下可能造成送端系统稳定破坏，甚至造成电网解列。因此，熟悉并了解特高压线路故障，有效采取积极应对措施，是确保特高压电网安全稳定运行的前提。

第一节　特高压线路雷击及预防

据电网故障分类统计表明，在我国跳闸率较高的地区，高压线路运行的总跳闸次数中，由雷击引起的次数占 $40\%\sim70\%$，尤其是在多雷、土壤电阻率高、地形复杂的地区，雷击输电线路引起的故障率更高。特高压线路由于杆塔高、架空地线与导线之间距离大，雷击故障也较易发生。

一、雷击故障

常见的雷击故障有导线、绝缘子、均压环等部件的表面闪络，如图 3-1 和图 3-2 所示。

图 3-1　均压环与杆塔脚钉放电痕迹

绝缘子串瞬间被击穿,除了绝缘子串上会留下闪络痕迹外,可能还会有其他放电通道,在这个放电通道上会留下一些放电痕迹。如:导线(跳线)、线夹、均压环、金具、塔身、地线、接地引下等连接点位置。

二、雷击预防

(一)加装线路避雷器

线路避雷器通常是指安装于架空输电线路上用以保护线路绝缘子免遭雷击闪络的一种避雷装置。线路避雷器运行时与线路绝缘子并联,当线路遭受雷击时,能有效地防止雷电直击和绕击输电线路所引起的故障。

线路避雷器从间隙特征上讲,大体上分为无间隙和有间隙避雷器两大类,有间隙避雷器又有外串间隙和内间隙之分,由于产品制造和运行方面的综合原因,内间隙避雷器在线路上几乎不用,因此,有间隙线路避雷器通常是指外串联间隙避雷器。有间隙线路避雷器作为主流的线路避雷器,又有两种主要形式,即纯空气间隙避雷器和绝缘子支撑间隙避雷器,如图3-3所示。

图 3-2 跳线串闪络痕迹

图 3-3 避雷器现场装置图

(二)加装避雷针

目前用于线路的避雷针主要有可控放电避雷针、侧向避雷针两种,如图3-4所示。可控放电避雷针是一种安装在输电线路杆塔顶部的具有特殊结构的避雷装置,可降低线路的绕击率,降低线路的雷击跳闸率。

侧向避雷针主要有塔头侧针和架空地线侧针两种形式,其通过在杆塔或架空地线上安装水平侧针,以增强杆塔和架空地线对于弱雷的吸引能力,增加保护范围而达到降低输电线路绕击率的一种防雷技术。架空地线侧针安装维护难度大,在运行过程中,甚至出现过拉断地线的情况,因此运行线路已不再使用。

三、防范措施

(一)架空地线

减小地线保护角增大地线保护范围,主要方法有:

(a) (b) (c)

图 3-4 避雷针

(a) 可控放电避雷针；(b) 杆塔侧向避雷针；(c) 地线侧向避雷针

（1）将地线外移，通过减小地线和导线之间的水平距离来减小保护角，保证杆塔上两根地线之间的距离不超过地线与导线间垂直距离的 5 倍；

（2）将导线内移减小保护角，一般用于紧凑的输电线路，但应考虑导线与塔身的间隙距离满足绝缘配合要求；

（3）增加绝缘子片数，降低导线挂线点高度来减小保护角。

（二）绝缘子

在每年的线路巡检中应检查绝缘子的损坏情况，包括带电检测，特别是零值瓷绝缘子检测，及时对损坏绝缘子进行更换。

日常巡视工作中，还需要检查绝缘子及金具的缺陷和变化情况，避免因雷击造成断线断串事故。

（三）接地装置

确保杆塔接地装置连接可靠，接地电阻满足运行规程要求。在降低杆塔接地电阻时，应以现有标准和规程为准则，因地制宜，充分利用杆塔周围的各种条件，采用科学合理的方法，选择腐蚀性低和降阻性能较好的物理降阻剂，在山区等土壤电阻率高的区域，采用接地模块物理降阻方法改造接地装置，将冲击接地电阻控制在安全范围之内并留有一定的安全裕度。

（四）避雷器

及时掌握和了解线路避雷器在运行使用中的工作状况，根据需要或定期进行巡线查看或进行必要检测。带间隙避雷器只需要定期巡线（通常在每年雷雨季节之前巡视一次即可），目测避雷器的外观是否有损坏情况，并记录计数器的动作数据。

第二节 特高压线路冰害及预防

导线覆冰是由气象条件决定的，是受温度、湿度、冷暖空气对流、环流以及风等因素决定的综合物理现象。在我国，导线覆冰主要发生在西南、西北、华东、华中地区。

导线覆冰的区别主要体现在厚度、密度及单位长度覆冰量等的差别上。影响导地线覆冰的因素很多，主要有气象条件、地形及地理条件、海拔高程、凝结高度、导线悬挂高度、导线直径、风速风向、负荷电流等。2010 年至 2019 年，特高压交流输电线路共发现冰害故障 6 次，其中 2010 年 1 次，2012 年 2 次，2019 年 3 次，故障率由开始的 0.0395 次/(百公里·年) 下降至 0.0094 次/(百公里·年)。

图 3-5　1000kV 特高压线路
绝缘子串覆冰情况

一、覆冰故障

覆冰故障通常有过荷载、冰闪、舞动及脱冰跳跃等。1000kV 特高压线路绝缘子串覆冰情况，如图 3-5 所示。

二、冰害预防

（一）防过荷载倒塔断线

（1）普通金具更换为高强度耐磨金具。

（2）重覆冰区导地线悬垂线夹、防振锤、间隔棒包缠预绞丝护线条。

（3）对断裂的金具进行校核，强度不够的单串金具更换为双串金具，并增大金具强度。

（4）覆冰较重的长耐张段采用增加防串倒塔或耐张塔，改善线路的抗覆冰过载能力。

（5）覆冰过载严重段适当放松导地线最大使用张力，提高导地线的抗覆冰过载能力。

（二）防冰闪跳闸

（1）在电气间隙满足的情况下，增加绝缘子片数，以加大绝缘子覆冰闪络电压。

（2）由于倒 V 串的覆冰闪络电压高于悬垂串约 5％，如图 3-6 所示，具有更好的防冰闪性能。因此，建议在地势平坦，两侧档距较均匀的杆塔处，悬垂串更换为倒 V 串。

图 3-6　绝缘子倒 V 串

（3）在覆冰较轻微的地段，建议悬垂 I 串更换为大小伞插花形式，或将绝缘子更换为大小伞防冰闪型复合绝缘子，如图 3-7 所示。

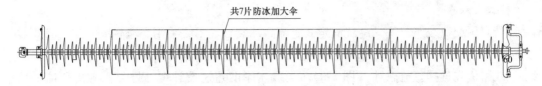

图 3-7　防冰闪型复合绝缘子

（4）利用 PRTV 具有良好的憎水性的特点，在玻璃或瓷绝缘子表面喷涂 RTV 的方式以延缓绝缘子串覆冰的时间。

（三）防脱冰跳跃及倒塔断线

（1）对于易发生脱冰跳跃的杆塔优先采取增加杆塔，增加杆塔困难时采取加强杆塔等措施。

（2）覆冰较严重的耐张段在对地距离满足要求的情况下，适当放松导地线应力，提高导地线的覆冰过荷载能力。

（3）耐张段较长的，增加防串倒塔或耐张塔，以减小脱冰跳跃影响范围。

（4）对杆塔进行加固，关键部位包铁加装防松（盗）螺母，辅材安装弹簧垫片。

（5）挂点金具较其他金具加大一级，提高金具安全系数，避免脱冰跳跃引起的金具串掉落。

（6）重要交叉跨越处两侧杆塔悬垂串采用双联双挂点。

三、防范措施

（一）冰情监测

根据线路冰情开展人工观测、在线监测以及无人机监测，测量现场导地线覆冰情况，检查杆塔各部件是否存在异常等。现场人员应严格按照要求准确记录冰情观测数据，如图 3-8 所示。

图 3-8　冰情人工观测照片

（二）融冰

特高压交流线路，优先配置固定式直流融冰装置，不宜采用交流融冰方法。直流线路可利用本线路直流系统融冰或配置独立的融冰装置，不宜采用交流融冰方式。

线路优先选择直流融冰（图3-9）。当覆冰厚度超过设计覆冰厚度，考虑覆冰的增长，应避免使用直流融冰，防止铁塔因不平衡张力而破坏，尽可能采用交流融冰。先主网后中低压电网，先区间联络线后直馈线，先单条线路后多条串接线路。

(a)　　　　　　　　　　　　　　　　　(b)

图3-9　移动式直流融冰装置融冰实施
(a) 移动式直流融冰电缆敷设；(b) 移动式直流融冰装置融冰现场

（三）除冰

（1）线路杆塔、绝缘子串除冰人员应具备高空作业的能力和经验，身体和精神状态良好。

（2）人工除冰作业人员着装应满足防冻、防滑等要求。

（3）人工除冰作业前应认真核对设备名称和编号，检查杆塔拉线、杆根和铁塔基础。

（4）高处作业时必须系安全带，使用双保险，移动时不能失去后备保护。人员在攀登、除冰过程中，保险绳应挂在牢固的构件上，严禁低挂高用。

（5）人工除冰高处连续作业不宜超过2h。

（6）每个作业点必须设专人监护。监护人员严禁站在杆塔和导线正下方，防止被落冰砸伤。

（7）除冰过程中出现下列情况之一，应立即停止除冰：

① 被除冰杆塔或其邻近直线杆塔绝缘子串严重倾斜；

② 杆塔主构件变形超标或出现明显裂纹且有继续恶化的趋势；

③ 导地线舞动；

④ 导线覆冰厚度超过验算覆冰厚度。

现场除冰照片如图3-10所示。

(a) (b)

图 3-10 现场除冰照片
(a) 人工除冰；(b) 机器人除冰

第三节 特高压线路鸟害及预防

随着我国生态环境的不断改善，环境和鸟类保护力度加强，鸟类种类和数量不断增多。但是，输电线路由于鸟类栖息、筑巢、繁殖引起线路故障跳闸日渐增多。如何妥善解决输电线路安全运行与鸟类保护之间的矛盾，成为输电线路运行急需解决的一大问题。

一、鸟害故障

鸟害一般分为鸟巢类、鸟粪类、鸟体短接类和鸟啄类四大类，其中鸟粪类又可分为鸟粪污染绝缘子闪络故障和鸟粪短接空气间隙。

鸟巢类是指鸟类在杆塔上筑巢时，较长的鸟巢材料减小或短接空气间隙，导致架空输电线路跳闸。

鸟粪类是指鸟类在杆塔附近泄粪时，鸟粪形成导电通道，引起杆塔空气间隙击穿，或鸟粪附着于绝缘子上引起的沿面闪络，导致的架空输电线路跳闸。

鸟体短接类是指鸟类身体使架空输电线路相（极）间或相（极）对地间的空气间隙距离减少，导致空气击穿引起的架空输电线路跳闸。

鸟啄类是指鸟类啄损复合绝缘子伞裙或护套，造成复合绝缘子的损坏，危及线路安全运行。

二、鸟害预防

（一）防鸟刺安装

防鸟刺安装在直线悬垂串绝缘子和耐张跳线串绝缘子横担挂点正上方，每种安装形式的防鸟刺的长度均为推荐长度，具体长度视安全距离而定。分布安装在绝缘子挂点周围时，根据防鸟刺的长度和安装位置的限制合理调整间距，满足反措要求的保护范围。

对于横担较宽型（两支防鸟刺均能完全打开），要求在悬垂串绝缘子两侧安装，如图 3-11 所示。

对于横担较窄型（两支防鸟刺均不能完全打开），要求在悬垂串绝缘子两侧各距挂点处 10cm 处安装，如图 3-12 所示。

图 3-11　宽横担防鸟刺安装示意图　　　　图 3-12　窄横担防鸟刺安装示意图

对单回路线路中相横担，应在横担上下平面均安装防鸟刺，如图 3-13 所示。

（二）防鸟罩安装

防鸟罩应安装牢固，紧固螺栓可采用双螺母，并采取防松脱措施，防鸟罩与球头连接部位应有防水措施。防鸟罩安装宜采用分离对接式，安装在悬垂绝缘子串上挂点的球头挂环上，要求安装方便，易操作。

图 3-13　中相横担防鸟刺安装示意图　　　　图 3-14　防鸟罩安装示意图

（三）防鸟挡板安装

防鸟挡板安装时应注意对挡板的固定，特别是风速较大区域，防止挡板脱落和位移。特高压线路防鸟挡板由于铝合金支架偏高（见图 3-15），防鸟挡板下方还会出现小鸟筑巢的现象，可将铝合金支架高度降低来防范这一问题。

（四）防鸟针板安装

挂线点水平主材上用大小能够覆盖挂线点及附近大联板的防鸟针板进行封堵，横担主材上根据主材宽度采用三排刺或双排刺防鸟针板，横担辅材上根据辅材宽度采用双排刺或单排刺防鸟针板，如图 3-16 所示。

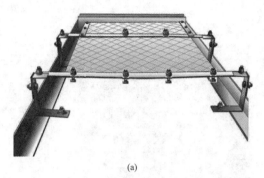

(a)　　　　　　　　　　　　　　(b)

图 3-15　防鸟挡板安装示意图

（a）示意图；（b）现场安装图

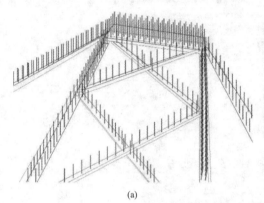
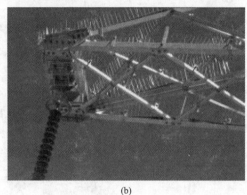

(a)　　　　　　　　　　　　　　(b)

图 3-16　防鸟针板安装示意图

（a）示意图；（b）现场安装图

三、防范措施

对发现的防鸟装置缺失、损坏，鸟巢、绝缘子鸟粪污染、鸟啄绝缘子等进行研判，根据现场情况向上级汇报或提出带电作业、线路停运等申请，并根据作业指导书对鸟害隐患进行处置。

第四节　特高压线路风害及预防

风偏跳闸是输电线路风害的最常见类型，主要是指导线在风的作用下发生偏摆后由于电气间隙距离不足导致放电跳闸。

风偏跳闸是在工作电压下发生的，重合成功率较低，严重影响供电可靠性。若同一输电通道内多条线路同时发生风偏跳闸，则会破坏系统稳定性，严重时造成电网大面积停电事故。除跳闸和停运外，导线风偏还会对金具和导线产生损伤，影响线路的安全运行。

一、风害故障

从放电路径来看，风偏跳闸的主要类型有：导线对杆塔构件放电、导地线线间放电和导线对周围物体放电三种类型。其共同特点是导线或导线金具烧伤痕迹明显，绝缘子被烧伤或仅导线侧 1～2 片绝缘子轻微烧伤；杆塔放电点多有明显电弧烧痕，放电路径清晰。如图 3-17、图 3-18 所示。

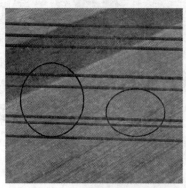

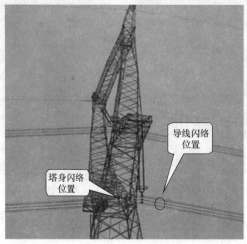

图 3-17　导线对塔材闪络痕迹

二、风害预防

（一）悬垂串加挂重锤

对于不满足风偏校验条件的直线塔，考虑施工方便，可考虑采用加装重锤的方式以抑制导线风偏，提高间隙裕度。对于一般不满足条件的直线塔，可直接在原单联悬垂串上加挂重锤，配重的选取应经设计院校核，如图 3-19 所示。

图 3-18　导线放电位置示意图　　　　　图 3-19　悬垂串加挂重锤

加挂重锤治理方法施工方便、成本低，但阻止风偏效果较小。

（二）单串改双串或 V 串

对于情况较严重的直线塔，可将原单联悬垂串改为双联悬垂串，并分别在每串上再加挂重锤，效果可以达到单串加挂重锤方案的 2 倍。对于只有一个导线挂点直线塔，可将原导线横担改造成双挂点。

对于直线塔绝缘子风偏故障，可以将单串改为 V 型绝缘子串。处于大风区段的输电线路直线塔中相绝缘子，可采取"V+I 串"设计，如图 3-20 所示。

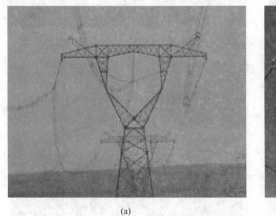

(a)   (b)

图 3-20 线路铁塔中相"V+I 串"设计及风偏情况

（a）设计（一）；（b）设计（二）

（三）金具磨损和断裂治理措施

（1）改变金具结构，对地线及光缆挂点金具"环-环"连接方式改为直角挂板连接方式，并使用高强度耐磨金具，如图 3-21 所示。

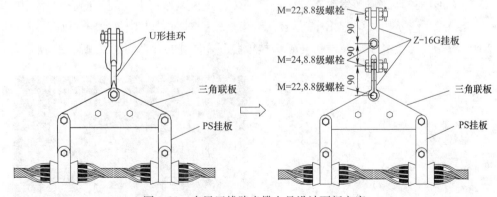

图 3-21 大风区线路光缆金具设计更新方案

（2）磨损的间隔棒更换为阻尼式加厚型间隔棒，如图 3-22 所示。

（3）对磨损的耐张塔引流线进行了更换，并加装小引流处理，安装导线耐磨护套（内层为绝缘材质，外层包裹碳纤维外壳的导线耐磨护套），如图 3-23 所示。

（4）对断裂的金具进行校核，对于强度不够的单串金具，更换为双串金具，增大金具强度。

图 3-22　大风区域线路导线间隔棒更换前后

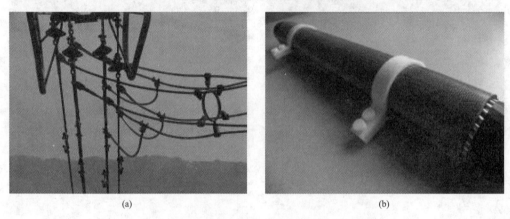

(a)　　　　　　　　　　　　　(b)

图 3-23　耐张引流更换并加装小引流处理和护套

(a) 整体图；(b) 局部图

（四）绝缘子掉（断）串治理措施

（1）V 形串掉串故障多发生在球碗连接部位，在大风作用下，迎风侧一相导线的背风侧复合绝缘子受挤压，引起 R 销变形、球头受损。对 V 串复合绝缘子可加装碗头防脱抱箍，防止复合绝缘子下端球头与碗头挂板脱开，防止掉串事故，如图 3-24 所示。

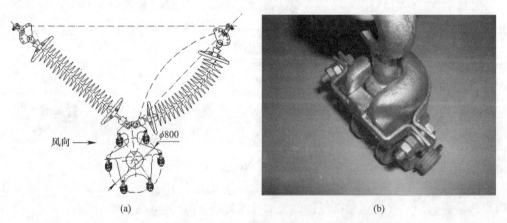

(a)　　　　　　　　　　　　　(b)

图 3-24　V 串绝缘子横向风受力分析及加装的防脱抱箍

(a) 整体图；(b) 局部图

（2）对于新建线路中相V串复合绝缘子采用"环—环"连接方式，可有效避免绝缘子掉串问题。

（3）处于大风区段的输电线路直线塔中相复合绝缘子采取"V＋I串"设计，边相采取了加装防风闪三脚架措施。

（五）在线监测

1. 风偏在线监测

风偏状态监测装置宜安装在曾经发生过风偏放电的直线塔悬垂串或耐张塔跳线上，也可安装在常年基本与主导风向（大风条件下）垂直走向的线路或常年风速过大的地区的线路，还可安装在对地风偏放电的线路。其能够对输电线路的绝缘子串风偏角、摇摆角以及现场温度、风速、风向等微气象参数进行实时监测，如图3-25所示。

图3-25 风偏在线监测系统组成

2. 振动在线监测

对于易发生微风振动断股和断线的地区，特别是大跨越架空输电线路，运维单位可根据线路设计和运维情况加装微风振动在线监测装置，如图3-26和图3-27所示。使用微风振动采集单元，能够实时自动采集导地线微风振动信号，通过通信网络，将振动信号传输到后端数据处理系统，进行振动分析、预测导线疲劳寿命，为线路运行提供参考的系统。

图3-26 气象传感器

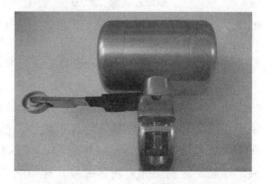

图3-27 振动采集单元

三、防范措施

（一）加强设计审查

（1）新建、技改线路竣工验收时，开展线路防风偏校验，检查导线对杆塔及拉线、导线相间、导线对通道内树竹及其他交叉跨越物、导线对架空地线等安全距离是否符合设计及规程要求。

（2）新建、技改线路时严把验收质量关，检查导地线防振及保护金具安装情况，及时消除导地线在放线、紧线、连接及安装附件过程中造成的损伤。

（二）加强线路运维检修

（1）积极应用红外测温技术监测直线接续管、耐张线夹等引流连接金具的发热情况，高温大负荷期间应增加夜巡，发现缺陷及时处理。

（2）加强对导、地线悬垂线夹承重轴磨损情况的检查，导地线振动严重区段应按2年周期打开检查，磨损严重的应予更换。

（3）检查锁紧销的运行状况，锈蚀严重及失去弹性的应及时更换。特别应加强V型串复合绝缘子锁紧销的检查，防止因锁紧销受压变形失效而导致掉线事故。

（4）搜集当地发生的大风等恶劣天气（台风、飑线风、龙卷风、地方性风等）气象资料，及时更新风区图和线路特殊区段。大风天气或大风多发季节及时开展线路特巡，检查线路有无风偏跳闸隐患。

第五节　特高压线路外力破坏及预防

输电线路外力破坏是人们有意或无意造成的线路部件的非正常状态，往往会造成故障、缺陷、隐患三种情形。外力破坏故障是指因外力破坏原因导致的线路跳闸，包括重合良好或故障停运；外力破坏缺陷是指因外力破坏引发或可能引发外力破坏事件发生的缺陷；外力破坏隐患是指外部环境可能引发线路异常，威胁电网安全稳定运行的危险源。

其中，外力破坏故障包含盗窃及蓄意破坏、施工（机械）破坏、异物短路、树竹砍伐、钓鱼碰线、火灾、化学腐蚀、非法取（堆）土、爆破作业破坏、采空区（煤矿塌陷区）共10种类型；外力破坏缺陷按缺陷位置包含杆塔类、接地装置、通道环境、附属设施、基础、导地线和金具类共7类；外力破坏隐患包含机械外破、山火、违章建筑、违章树木、异物、易燃易爆共6种。从历年的故障情况分析，外力破坏故障呈逐年增长趋势，已成为造成输电线路停运的主要原因。

一、外力破坏与隐患

外力破坏故障共分为6类，分别为机械外破、违章建筑、违章树木、山火、异物、易燃易爆。其中机械外破类隐患可能引发施工（机械）外破、采空区（煤矿塌陷区）、非法取土（堆土）类外力破坏故障；违章建筑类隐患可能引发钓鱼碰线、施工（机械）外破、异物类外力破坏故障；违章树木类隐患可能引发树竹砍伐、火灾类外力破坏故障；异物类隐患可能引发异物短路类外力破坏故障；山火类隐患可能引发火灾类外力破坏故障；易燃易爆类隐患可能引发爆破作业破坏、火灾和化学腐蚀类外力破坏故障。

二、外力破坏预防

从近五年中由运维原因引起的特高压线路外力破坏故障分析，特高压线路由于杆塔高，极少发生，故障，主要表现为山火和异物。

（一）山火

山火的发生受野外工农业用火习俗影响非常大，输电线路跨越山区林地、灌木、荆棘、农田等，存在严重的山火隐患。防山火重点突出"避、抗、改、植、清、新"六项技术措施。

（1）"避"。新建线路的可研评审与路径选择，督促线路尽量避开成片林区、竹林区、多坟区、人口密集区及农耕习惯性烧荒区等易发山火区段，落实山火隐患避让措施。

（2）"抗"。新建线路的初设评审与工程验收，督促落实防山火高跨设计，提高重要输电通道树竹清理标准、设置隔离墙、设置防山火隔离带，增强线路抵抗山火的能力。隔离墙如图 3-28 所示，防山火隔离带如图 3-29 所示。

图 3-28 清理毛竹后设置隔离墙

图 3-29 防山火隔离带砍伐前后对比

（3）"改"。开展线路隐患排查，对导线近地隐患点等防山火达不到要求的线路区段，宜采取硬化（见图 3-30）、降基（见图 3-31）、杆塔升高及改道等措施进行技术改造。

图 3-30　线下近地点混凝土硬化　　　　　图 3-31　线下近地点降基治理

（4）"植"。对于经过速生林区的线路区段，线路运检单位协商当地林业部门或户主，采取林地转租、植被置换等措施，在线路通道外侧种植防火树种，形成生物防火隔离带，必要时修筑隔离墙或与林业部门同步砍伐防山火隔离带。在线路保护区内将易燃、速生植物置换成低矮非易燃经济作物，如图 3-32 所示。

(a)　　　　　　　　　　　　　　　　　(b)

图 3-32　线路林地转租改种油茶

（5）"清"。根据线路地形、植被种类及相关技术要求，按照线路重要性制定差异化通道清理标准，落实资金投入。根据通道清理标准开展通道隐患排查，建立防山火重点区段及防控措施档案，如图 3-33 所示。

（6）"新"。探索推广山火监控、新型灭火装备等新技术的应用。

1）视频监视：在山火高发区域安装山火视频监测装置，利用计算机终端可实时观察监测图像，当出现疑似山火时，系统自动报警，提醒线维人员注意防范，如图 3-34 所示。

2）人工降雨：山火高发时段、高发地区采用人工干预降雨的方式增加植被湿度，防止山火的发生。或在山火发生后，使用人工干预降雨扑灭山火，如图 3-35 所示。

3）防火瞭望哨：在山火高发地区建立防山火瞭望哨，采用人工驻守监视的方式进行山火监测，如发现山火，第一时间通知线维人员采取相关紧急措施。

（二）异物

（1）对电力设施保护区附近的彩钢瓦等临时性建筑物，运行维护单位应要求管理者或所有者进行拆除或加固。可采取加装防风拉线、采用角钢与地面基础连接等加固方式。

2014年通道清理排查表

序号	线路名称	杆号	导线对地最近距离	通道内树竹情况	砍伐树竹数量(棵)	已砍伐树竹数量(棵)	清理灌木、茅草面积(m²)	已清理灌木茅草面积(m²)	责任班组	设备主人	备注

图 3-33 输电线路通道清理排查档案

(a)   (b)

图 3-34 山火视频监测装置
（a）山火视频监测装置；（b）计算机终端

图 3-35 人工降雨防山火

（2）对危及输电线路安全运行的垃圾场、废品回收场所，线路运检单位要求隐患责任单位或个人进行整改，对可能形成漂浮物隐患的，如广告布、塑料遮阳布（薄膜）塑、锡箔纸、气球、生活垃圾等采取有效的固定措施。必要时提请政府部门协调处置。

（3）针对架空输电线路保护区外两侧各 100m 内的日光温室和塑料大棚，要求物权者或管理人采取加固措施。夏季台风来临之前，线路运检单位敦促大棚所有者或管理者采取可靠加固措施，加强线路的巡视严防薄膜吹起危害输电线路，如图 3-36 和图 3-37 所示。

图 3-36　漂浮物隐患的固定措施　　　　　　　　图 3-37　对大棚进行加固

三、防范措施

（1）强化重要通道"群防"建设，推进特高压运维有偿护线，构建输电运检室、属地供电营业所和护线员的属地化运维三级护线体系。充分发挥危险点外协值守人员现场交底作用（见图 3-38）。

（2）加强重要通道"技防"建设，优化完善图像/视频、微气象等在线监测装置布点（图 3-39），构建输电线路远程化管控平台，利用图像识别技术实现图像在线监测自动预警。针对嘉湖通道内安塘 I 线 114、115 号码头吊机防外破中风险区段，通过在 114 号塔安装高清视频装置，对现场作业情况进行 24h 监控，加强危险巡视检查。

图 3-38　危险点外协值守　　　　　　　　　　图 3-39　特高压线路吊机作业
人员现场交底　　　　　　　　　　　　　风险区段视频监控

（3）建立联防联控机制，以定期专业巡视为主、外协联防驻守为辅、护线员撒网式巡视为补充的综合交叉巡视法，加强通道运行状态主动管控，提升风险管控能力。

（4）编制隐患处置"模板化"手册（见图 3-40），指导运维人员在通道隐患处置时的标准对策及规范处理，创新输电线路通道防护方法。

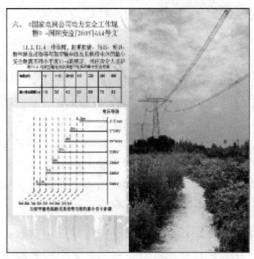

图 3-40 隐患处置"模板化"手册

第六节 特高压线路防污闪及预防

绝缘子表面污秽积聚过程,一方面是由空气尘埃微粒运动接近绝缘子的力所决定的,另一方面是由微粒和绝缘子表面接触时保持微粒的条件所决定的。作用在微粒上的三种力为风力、重力和电场力,风力是最主要的,电场力是最小的。污闪发生过程有以下四个阶段:绝缘子积污、污层的湿润、局部电弧的出现和发展、电弧发展完成闪络。

一、污闪故障

污闪故障通常是由因雾、毛毛雨、露、冰(雪)及绝缘子表面憎水性不满足要求等造成的绝缘子沿面放电故障。特高压线路一般不会发生。

二、污闪预防

(一)停电清扫

对于外绝缘配置未达到污区分布图要求的输变电设备,若调爬后仍不能达到要求,则应按照每年清扫,保证清扫质量。

清扫时机选择的重要性。凡不具备"用盐密指导清扫"条件的线路尽可能把清扫时间安排在污闪季节前进行;凡已开展"用盐密指导清扫"的线路,须加强盐密监测,在延长清扫周期的同时做好饱和盐密的研究测试工作;凡爬距不够又未采用 RTV 和增爬裙的输电设备均应坚持"逢停必扫"。停电清扫绝缘子不应仅满足一般天气条件下防止电网外绝缘闪络事故最低设防,而应掌握清扫时机、提高清扫质量。每年的最佳清扫时期为 11 月中旬至 12 月中旬,例如某线路绝缘子清扫时间为 1 月份,就属于清扫时机选择不当。因此,对于重要线路和变电站必须合理安排停电时机以达到最佳清扫效果。

线路使用复合绝缘子的可不进行清扫,但应对其性能进行定期监测,污秽过重或憎水性明显失效时应及时更换或逾期重涂。对使用增爬裙的设备可延长清扫周期，但清扫周期及方式需认真研究。

（二）带电清扫

带电人工清扫工作中必须严格遵守《国家电网电力安全工作规程》和《带电作业现场操作规程》及其他各项安全规章制度。做好危险点分析，按照制定的带电清扫标准指导书进行实施，确保工作安全。工作人员对设备带电清扫工作，戴绝缘手套、护目镜、口罩，使用带电清扫工具对设备由上而下进行清扫。工作结束确认无误后，工作负责人自检合格，向变电专工、变电运维人员提出验收申请。

机械带电清扫是指采用专业工具设备，利用电动式压缩空气作动力，转动毛刷，通过绝缘杆将毛刷伸到绝缘子表面进行清扫。带电机械干清扫不存在污秽闪络的充分必要条件—潮湿，因此不会发生污秽闪络事故。这种方法清扫效率高，可清扫黏结不牢固的浮尘，操作简便，技术要求低，不需要停电，但缺点是清洗效果不彻底，浮尘搬家，容易造成二次污染。

图 3-41 防污闪涂料

（三）喷涂涂料

防污闪涂料，包括常温硫化硅橡胶及硅氟橡胶（RTV，含 PRTV）属于有机合成材料，主要成分均为硅橡胶，主要应用与喷涂瓷质或玻璃绝缘子，提高线路绝缘水平。目前防污闪涂料分为 RTV-I 型和 RTV-II 型如图 3-41 所示。

（四）更换绝缘子

将线路原有的瓷质绝缘子或玻璃绝缘子更换为复合绝缘子是防污闪重要的技术措施之一。在同样的爬距及污秽条件下，复合绝缘子防污闪能力明显高于瓷绝缘子和玻璃绝缘子。

（五）降压运行

降低运行电压的方法在直流线路上有应用。当直流线路经过区域有发生污闪可能的气象条件时，为防止直流线路发生污闪故障，通常对该直流线路采取降压运行的方式，可有效预防该类污闪故障的发生。

在交流线路上，一般很少采取此种方法。但在极端情况下，会利用调节变压器调压开关的方法降低交流线路电压，但防污闪效果有限。

三、防范措施

（一）设备到货抽检

复合绝缘子到货抽检项目包括外观检查、尺寸检查、锁紧系统检查、金属附件和伞套间界面的渗透性验证、规定机械负荷 SML 验证、镀锌层试验、陡波前冲击耐受电压试验、带护套芯棒的水扩散试验、芯棒应力腐蚀试验、120％额定机械负荷 24h 耐受试验（适用于交流 750kV 及以上电压等级、直流±800kV 及以上电压等级复合绝缘子）。

瓷绝缘子到货抽检项目包括外观检查、尺寸检查、偏差检查、温度循环试验、机电破坏负荷试验、击穿耐受试验、孔隙性试验、镀层试验、锁紧系统检查、可见电晕电压试验、无线电干扰电压试验。

玻璃绝缘子到货抽检项目包括外观检查、尺寸检查、偏差检查、温度循环试验、机械破坏负荷试验、击穿耐受试验、热震试验、镀层试验、锁紧系统检查、可见电晕电压试验、无线电干扰电压试验。

（二）施工和运行检测

对施工安装的绝缘子应进行外观检查，瓷绝缘子应按 GB 50150—2016 所规定的试验方法，只用不小于 5000V 绝缘电阻表测量绝缘电阻，在干燥情况下其绝缘电阻值应不小于 500MΩ。

对于运行中的复合绝缘子，应按规定进行日常巡视、登杆检查、定期检测和抽样试验。抽样试验项目有：憎水性试验、带护套芯棒的水扩散试验、水煮后的陡波前冲击耐受电压试验、密封性能试验、机械破坏负荷试验、芯棒应力腐蚀试验。

对于投运的瓷/玻璃绝缘子，应按 DL/T 741—2016、DL/T 626—2015 规定进行日常巡视、登杆检查、定期和抽样检测。

防污闪涂料及防污闪辅助伞裙（增爬裙）的检测包括：到货抽检、现场验收、运行抽检、随机抽检试验。

防污闪涂料的检测按照《绝缘子用常温固化硅橡胶防污闪涂料》（DL/T 627—2012）执行。防污闪辅助伞裙检测要求按照《变电设备外绝缘用防污闪辅助伞裙技术条件及使用导则》（Q/GDW 673—2011）执行。

（三）红外检测

红外诊断技术是对运行中电气等设备的一种非接触无损检测和故障诊断的技术，可以实现电力设备运行现场大面积温度分布场的扫描和局部缺陷的定点测温。此外，绝缘子表面发生火花放电或爬电时往往会伴随着发热从而引起温度升高，通过红外检测，可以有效发现绝缘子缺陷或现场放电程度。

（四）憎水性检测

考虑到复合绝缘子的运行特点，复合绝缘子的憎水性是对这种综合能力的总称，不同于其他学科对憎水性的定义。因此，对复合绝缘子憎水性的全面评价应该包括清洁表面的憎水性、憎水性的迁移特性、憎水性的丧失特性以及憎水性丧失以后的恢复特性四个方面。

复合绝缘子在运行过程中受到电场、紫外线、污秽等条件综合作用下而发生老化。这种老化导致复合绝缘子憎水性下降甚至丧失，降低了复合绝缘子污闪电压，增加了污闪发生的几率，可能会影响电力系统的可靠运行。为及时发现复合绝缘子的事故隐患、避免突发事故、提高输电线路运行的安全可靠性，需要对复合绝缘子的憎水性开展抽检和测量。运行复合绝缘子憎水性测量应结合检修进行，需选择晴好天气测量。若遇雨雾天气，应在雨雾停止 4 天后测量。

运行中的绝缘子，可按照《500kV 直流悬式复合绝缘子技术条件》(DL/T 810—2012)《标称电压高于 1000V 交流架空线路用复合绝缘子使用导则》(DL/T 864—2016) 标准的要求，运用喷水分级法（HC 法）进行测试。有条件时也可采用静态接触角法（CA 法）。

（五）防污闪涂层抽检

对于同厂家、同批次、同期运行的 RTV 涂料，应在该批涂料运行环境相对恶劣的区域（如重粉尘区域、长期潮湿气象区域等），选择 5 只绝缘子作为试品。可能影响其机械或电气性能的试品不应再在运行中使用。

憎水性检测结果的判定不应以一次检测结果为依据，应综合多次测量结果进行判定。对运行 RTV 涂层，其憎水性（HC）规定为在实验室标准环境条件下绝缘子上表面的测量值。若出现以下情况之一，则可判定该 RTV 涂层失效，应予重涂：

（1）RTV 涂层出现龟裂、起皮和脱落等现象；

（2）RTV 涂层出现漏电起痕与蚀损；

（3）经上述抽样检测后不满足运行要求的。

第七节　特高压线路"三跨"事故预防

"三跨"是指输电线路跨越高速铁路、高速公路和国家电网级重要输电线路的跨越区段。"三跨"区段在强风、重覆冰、地质沉降、微气象等特殊气象条件下可能发生倒塔、断线、掉串等故障，造成电网和重要公共交通事故，有效预防事故发生对确保电网、交通、人身安全有极其重要意义。

一、"三跨"事故类型

"三跨"线路若发生倒塔、断线、掉串事故，轻则造成高铁高速停运，重则造成人身和车辆事故、特高压电网事故等极其严重的后果。"三跨"事故包括：倒塔事故、断线事故、绝缘子和金具断裂事故、舞动事故、外力破坏事故等。

二、"三跨"事故预防

（一）隐患排查

依据"三跨"反措，开展新（改、扩）建线路"三跨"区段验收，在规划、设计、建设、验收、运行等各环节严格落实反措要求，全面提升设备本质安全水平。

加强运行线路通道管理，与铁路（高速公路）管理部门建立、健全、沟通、协调和应急联动机制，在省（市）公司、地市公司层面成立相应机构和工作组，明确工作职责和联系人，加强与铁路（高速公路）部门联系和对接，积极协调高铁供电、设备改造、检修安排、隐患缺陷排查、故障处理和应急处置等工作。

完善"三跨"运维保障责任制，所有的重要跨越均要明确运维单位和责任人员，所有隐患要实行具有可追溯性的痕迹化管理。

（二）隐患治理

1. 防止倒塔事故

（1）线路路径选择时，宜尽量减少"三跨"区段数量；"三跨"区段线路应采用独立耐张段，且优先采用"耐—直—直—耐"的跨越方式，直线塔不应超过 3 基，耐张段长度不应超过 3km，耐张段杆塔均采用全塔双帽螺栓防松。

（2）"三跨"区段线路设计时应充分考虑沿线已有线路的运行经验，气象重现期 330kV 及以下应按 50 年、500kV 及以上应按 100 年考虑，杆塔结构重要性系数应不低于 1.1，且跨越线路设计条件应不低于被跨越线路。

（3）对轻、中、重冰区"三跨"区段线路，当根据实际跨越条件验算强度杆塔时，导地线的覆冰厚度应提高 10～15mm；对历史上曾出现过超设计覆冰的地区，还应按稀有覆冰条件进行验算。

2．防止断线事故

（1）"三跨"区段线路导线、地线应选择技术成熟、运行经验丰富的产品。

（2）"三跨"区段线路地线宜采用铝包钢绞线，光缆宜选用全铝包钢结构的 OPGW 光缆，新建特高压跨越档内导线、地线不允许有接头。在运"三跨"不满足时应进行改造，或采取全张力补强措施。

（3）对采用老标准设计的线路，对"三跨"区段按照新标准、导线增加 5mm、地线增加 10mm 覆冰开展设计校核；对不满足的线路，结合具体情况按照新的要求进行改造。

3．防止绝缘子和金具断裂事故

（1）"三跨"悬垂绝缘子串应采用独立双串设计，风振严重区域的导地线线夹、防振锤和间隔棒应选用加强型金具、耐磨型金具或预绞式金具，"三跨"地线悬垂串应采用独立双串设计，耐张串连接金具应提高一个强度等级。

（2）"三跨"区段金具压接点应采用 X 光透视等手段逐点检查，检查结果（X 光片）作为竣工资料移交运检单位。

（3）悬垂联板应避免使用上抗式线夹，跨越档若为耐张塔，可增加附引流等防过热、防掉线措施。

4．防止覆冰舞动事故

（1）新建"三跨"区段线路跨越点选择宜避开 2 级和 3 级舞区，无法避开时以舞动区域分布图为依据，结合附近覆冰、舞动发展情况，提高一个设防等级或按顶级考虑。

（2）应避免在"三跨"区段线路跨越档安装防舞动相间间隔棒、动力减振器等装置。

5．防止外力破坏事故

（1）"三跨"区段线路施工应编制专项施工方案，并经过评审方可实施；跨越在运线路施工加强现场安全管控，应蹲点监护。

（2）跨越段存在外破隐患时，应采取人防、物防、技防等多种防护措施，并在相关防护标准上提高一个等级。

（3）对强风、重覆冰、易舞动、不均匀沉降地质、微气象等特殊区域，宜安装相应在线监测装置。

三、运维要求

（一）线路巡视

"三跨"巡视采用状态巡视方式，状态巡视周期不超过 1 个月。退运线路"三跨"应视为在运线路开展工作。

运维班组应及时掌握"三跨"通道内地理环境、建筑物、树竹生长、特殊气候特点及跨越铁路、公路、电力线等详细状况，逐档绘制线路通道状态图并动态修订。"三跨"清单经单位领导审核后报相应调度部门。对"三跨"区段应按期开展带电登杆（塔）检查或无人机巡检，检查周期应不超过 3 个月。

"三跨"特殊时段的状态巡视基本周期按以下执行，视现场情况可适当调整：

（1）重冰区、易舞区在覆冰期间巡视周期一般为 2～3 天。

（2）地质灾害区在雨季、洪涝多发期，巡视周期一般为 7 天。

（3）风害区、微风振动区在相应季节巡视周期一般为 15 天。

（4）对"三跨"通道内固定施工作业点，应安排人员现场值守或进行远程视频监视。

（5）重大保电、电网特殊方式等特殊时段，应制定专项运维保障方案，依据方案开展线路巡视。

（二）检测监测

运维单位应制定"三跨"区段检测计划，红外测温周期应不超过 3 个月。当环境温度达到 35℃或输送功率超过额定功率 80％时，应开展红外测温和弧垂测量，依据检测结果、环境温度和负荷情况跟踪检测。

新建及改建的"三跨"区段金具安装质量应按照施工验收规定逐一检查，对耐张线夹进行 X 光透视等无损探伤检查；在运线路的"三跨"区段耐张线夹，应结合停电检修开展金属探伤检查，检查结果存档备查。

跨越高铁线路应安装分布式故障诊断装置；跨越高铁档应安装图像或视频在线监测装置，跨越高速公路档视被跨越物重要程度安装。

各单位应将"三跨"线路行波测距、分布式故障诊断信息、杆塔倾斜、弧垂、气象、图像或视频等在线监测信息整合接入智能管控平台，为"三跨"运维提供信息支撑。

（三）缺陷管理

"三跨"缺陷要优先组织安排消缺工作，消除前须制定有效的风险管控措施，并加大巡视检查力度和频次，同时运用在线监测系统加强"三跨"监测，掌握缺陷变化情况和线路运行状态。

"三跨"一般缺陷消除时间原则上不超过 1 周，最多不超过 1 个月；严重、危急缺陷消除时间不应超过 24h，在此期间应派人现场蹲守，直至缺陷消除。

"三跨"严重缺陷应报上级运检部，危急缺陷应及时上报国家电网运检部。上级运检部应协调、监督、指导缺陷的消除工作。

第八节 特高压线路地质灾害预防

地质灾害是指由于自然产生或人为诱发的对人民生命和财产安全、地质环境以及架空输电线路安全运行造成危害的地质现象，主要包括崩塌、滑坡、泥石流、地面塌陷（采空塌陷、岩溶塌陷）、地裂缝等典型地质灾害以及洪涝灾害和冻胀等。

一、地质灾害类型

（一）崩塌

崩塌一般发生在坚硬岩地区高陡边坡，其形成机制是，河流切割或人工开挖形成的高陡边坡，由于卸荷作用，应力重新分布后在边坡卸荷区内形成张拉裂缝（见图 3-42），并与其他裂隙和结构面组合，逐步贯通形成危岩体，在地震或爆破震动、降水等外力触发作用下，导致危岩体突然脱离母体，翻滚、坠落下来，散堆于坡脚。卸荷区内危岩崩塌一般由边坡前缘向后呈牵引式扩展。一般边坡中下部及边坡前缘地带即为卸荷裂隙扩展的牵引带。

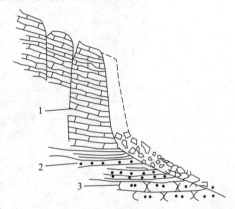

图 3-42 坚硬岩石组成的斜坡前缘卸荷裂隙
1—灰岩；2—砂页岩互层；3—石英岩

崩塌的分类主要按规模划分和按形成机理划分。其中按规模等级主要分为小型、中型、大型和特大型；按形成机理主要分为倾倒式崩塌、滑移式崩塌、鼓胀式崩塌、拉裂式崩塌和错段式崩塌。

（二）滑坡

滑坡是指山体斜坡上的岩土体在重力、水、岩土体自身条件等多种因素综合作用下，沿坡体内部形成的连续或半连续的软弱带（面）整体的或分散的顺临空面方向向下发生滑动的现象。一般来说，滑动过程的快慢与滑体自身所受到的影响因素有关，有分多个阶段滑移破坏的慢速滑动，也有瞬间整体滑动的快速滑动，可分为蠕滑、慢速、中速、快速滑动四类（见图 3-43）。根据力学条件，滑坡可分为推移式与牵引式滑坡两大类。推移式滑坡是指上部岩土体失稳在重力作用下挤压下部岩土体产生变形，当滑动面贯通后，其滑动速度较快，滑体表面多呈现出波状起伏的特征；牵引式滑坡是指斜坡体下部岩土体失稳破坏，使斜坡上部岩土体失去支撑产生变形破坏，滑体中上部表面多出现垂直于滑动方向的多条张拉裂缝（见图 3-44）。

滑坡的分类主要包括按滑坡体的物质组成和结构形式等主要因素划分，以及按滑体厚度、滑体受力状态、发生原因、现今稳定程度、发生年代和滑坡规模等其他因素划分。按物质组成主要分为：土质滑坡和岩质滑坡；按结构形式主要分为：危岩体和堆积层变形体；按滑体厚度主要分为：浅层滑坡、中层滑坡、深层滑坡、超深层滑坡；按滑体受力状态主要分为：推移式滑坡、牵引式滑坡；按发生原因主要分为：工程滑坡、自然滑坡；按现今稳定程度主要分为：活动滑坡、不活动滑坡；按发生年代主要分为：新滑坡、老滑坡、古滑坡；按滑坡规模主要分为：小型滑坡、中型滑坡、大型滑坡、特大型滑坡、巨型滑坡。

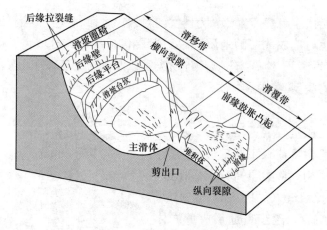

图 3-43　滑坡机理示意图

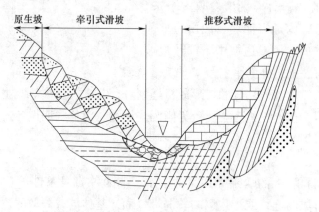

图 3-44　推移式、牵引式滑坡断面

（三）泥石流

从流域坡面和沟道中松散固体物质参与泥石流的运动机理来看，泥石流的形成机理主要分为水力类和土力类两种。

泥石流的分类主要包括按水源类型、地貌部位、流域形态、物质组成、固体物质提供方式、流体性质、发育阶段、暴发频率、堆积物体积等因素划分。按水源类型主要分为：暴雨型泥石流、溃决性泥石流、冰雪融水型泥石流、泉水型泥石流；按地貌部位主要分为：山区泥石流、山前区泥石流；按流域形态主要分为：沟谷型泥石流、山坡型泥石流；按物质组成主要分为：泥流、泥石流、水石流；按固体物质提供方式主要分为：滑坡泥石流、崩塌泥石流、沟床侵蚀泥石流、坡面泥石流；按流体性质主要分为：粘性泥石流、稀性泥石流；按发育阶段主要分为：发育期泥石流、旺盛期泥石流、衰败期泥石流、停歇期泥石流；按暴发频率主要分为：古泥石流、老泥石流、间歇性泥石流、低频泥石流、中频泥石流、高频泥石流、极高频泥石流；按堆积物体积主要分为：小型泥石流、中型泥石流、大型泥石流、巨型泥石流。

（四）采空塌陷

地表塌陷的成因有三种。一种是由于天然的地下溶洞、表土层中潜蚀土洞突然垮塌引起的地面变形；另一种是人工开挖的防空洞、地铁线、军事隐蔽工程等洞室突然垮塌引起的地面沉降；第三种是由于地下采矿引起的地表变化。对人类和自然影响最大、最普遍的地表塌陷大多是由于地下采矿引起的。而采煤又是地下采矿引起地表塌陷最多的一类。采空区上部的覆盖岩层在重力的作用下依次发生冒落、断裂、弯曲等变形破坏，这种变形破坏由采空区顶板向上发展，范围逐渐扩大，经过一定的时间即可传递到地表，形成地表塌陷、沉降，并影响到地表设施。采空区一般分小型采空区和大面积采空区两种。

（1）小型采空区也称人为坑洞，是人们为了各种目的在地下挖掘后遗留下来的洞穴。它一般是手工采挖，采空范围较窄，采挖深度较浅，无规划，少支撑。采空区示意图，如图3-45所示，实例图，如图3-46和图3-47所示。

图3-45 采空区示意图

图3-46 塔基位于采空区

（2）大面积采空区是指地下大面积采空后岩体内部的破坏和移动，矿层上部失去支撑，平衡条件被破坏，采空区上方岩体随之将产生变形。

（五）岩溶塌陷

碳酸盐岩地层最主要是受水和二氧化碳的作用生成碳酸氢钙，碳酸氢钙溶于水，由于二氧化碳的不断补给致使碳酸盐岩地层不断溶蚀，引起洞穴不断增大，最终上覆岩土体的抗塌力小于上覆岩土体自重和外荷载，导致塌陷发生。酸性溶液可以溶

图3-47 采空区引起地面沉降

解碳酸钙，加快底层溶蚀。另外，离子强度效应，即与碳酸钙不相关的强电解质吸附钙离子和碳酸根离子，使二者直接引力减小，溶解度增大，引起岩溶塌陷，如图3-48

所示。

岩溶塌陷致塌因素很多，主要有潜蚀说、真空吸蚀说、自重、振动、溶蚀、荷载等因素。

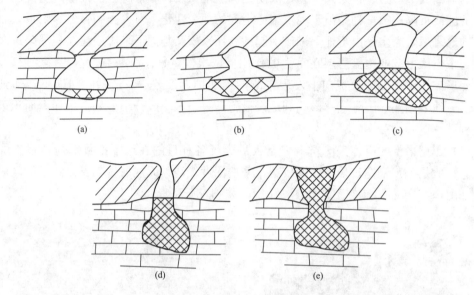

图 3-48　岩溶塌陷形成过程

（a）土洞未形成以前；（b）土洞初步形成；（c）土洞向上发展；（d）地表塌陷；（e）形成碟形洼地

岩溶塌陷是岩溶地区的一种特殊的水土流失现象。它是岩溶发育过程中，自然界岩土、水、气多相平衡状态遭受破坏后，地表岩土体向下部岩溶空间流失，由不平衡状态向平衡状态发展的一个阶段。按主要受力状态进行多级分类，共分为两个大类，七个亚类，八种基本类型。岩溶塌陷实例，如图 3-49 和图 3-50 所示。

图 3-49　岩溶塌陷图

图 3-50　塔基位于岩溶塌陷区

（六）地裂缝

地裂缝是地表岩、土体在自然或人为因素作用下，产生开裂，并在地面形成一定长度和宽度的裂缝的一种地质现象，是一种缓慢发展的渐进性地质灾害，一般造成线路杆塔倾斜受损。当这种现象发生在有输电线塔的地区时，便可成为一种影响线路安全运行的地质灾害，如图 3-51 所示。

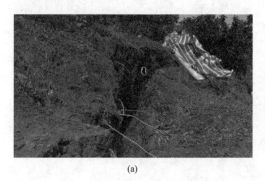
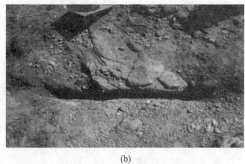

(a)   (b)

图 3-51 地裂缝图
(a) 滑坡裂缝；(b) 基底断裂活动裂缝

（七）洪涝灾害

洪涝灾害是自然界的一种异常现象，包括洪水灾害和雨涝灾害两类。其中，由于强降雨、冰雪融化、冰凌、堤坝溃决、风暴潮等原因，引起江河湖泊及沿海水量增加、水位上涨而泛滥以及山洪暴发所造成的灾害称为洪水灾害。因大雨、暴雨或长期降雨量过于集中而产生大量的积水和径流。或受沥水、上游洪水的侵袭，河道排水能力降低、排水动力不足、受大江大河洪水、海潮顶托，不能及时向外排泄，致使土地、房屋等受淹而造成的灾害称为雨涝灾害。持续性强暴雨过后杆塔水淹情况，如图 3-52 所示。

图 3-52 持续性强暴雨过后杆塔水淹情况

（八）冻胀融沉

冻胀是由于土中水的冻结和冰体（特别是凸镜状冰体）的增长引起土体膨胀、地表不均匀隆起的作用。冻胀一般会导致地面发生变形，形成冻胀垄岗。当输电线路塔基基础埋入冻土层后，由于混凝土基础良好的导热性能，其将会向周围及底部的冻土地基输入大量的热量，进而引起周围及底部冻土的退化。当基础底部冻土地基融化后，该部分土体在上部荷载作用下发生融沉，进而引起基础的融沉，基础融沉过程示意图，如图 3-53 所示。

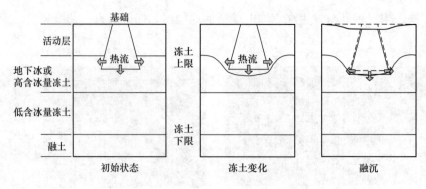

图 3-53　基础融沉过程示意图

二、地质灾害预防

地质灾害的频发，不仅给输电线路造成巨大的损失，而且治理费时费力。因此，线路建设前需认真进行地质勘查与工程设计，尽量避开地质复杂的危险地段。对不可避免的地段，应采取相应措施进行防范、治理。在线路投运后，还要加强对线路的运维管理和检测，以保证输电线路的正常运行。

（一）合理选线

路径选择和勘测是整个线路设计中的关键，方案的合理性、优越性对线路的经济、技术指标和施工、运行条件起着重要作用。一般情况下，所选的路径除了符合现行各种规范要求外，应尽量选取长度短、转角少且角度小、跨越少、拆迁少、交通运输和施工方便及地形地质条件好的方案。选线工作，一般按设计阶段分初勘选线和终勘选线两步进行。

（二）地质勘查

地质灾害的频发会对电力线路造成巨大的损失。尤其是山区，输电线路所穿越的地貌单元、地质构造、地层岩性和气候条件都非常复杂，常常要面临着各种类型地质灾害的威胁。因此，输电线路建设前详细的地质勘查，对输电线路的选线及建设具有重要意义。

（三）基础选型

塔基选择应结合线路沿线地质、施工条件、岩土工程勘察资料和杆塔形式等特点，对所选择的基础作综合考虑，选择适宜的基础形式。

（1）在地质条件适宜的情况下，如岩石或硬塑性土等，无地下水或地下水位较低，优先采用岩石基础、掏挖基础等原状土基础；如地形较陡峭，基础保护范围比较狭小可以采用桩式基础（挖孔桩）；特殊地质应采用特殊环境保护措施，采取在塔基周边使用必要的排水沟、挡土墙等附属设施，减少破坏，防止水土流失。

（2）在地质条件相对较差的情况下，如软塑性土甚至淤泥，地下水较丰富，甚至有轻微的流沙，可以采用大板式柔性基础或者重力式基础（台阶式基础）。

（3）在地质条件很差的情况下，地下水极为丰富，流沙情况严重，可以采用灌注桩基础。

三、运维要求

地质灾害的监测与预警是地质灾害防治工作的一项重要内容，其目的主要是为了通过各种监测手段，及时掌握灾害体的变形动态，并根据监测数据分析其发展趋势，评价其稳定性，超前做出预测预报，在灾害发生前及时向有关部门发出紧急信号，防止灾害发生或最大程度地减轻灾害所造成的损失。同时，还可以为灾害治理工程等提供可靠资料和科学依据。为此，建立专业、完善的监测预警系统，进行监测数据的收集、整理、分析，进而对灾害进行预测、发布及预警。

（1）利用地表大地变形监测、地表裂缝位错监测、地面倾斜监测等方法开展地质灾害监测，如图 3-54～图 3-57 所示。

图 3-54 埋桩法监测地表位移

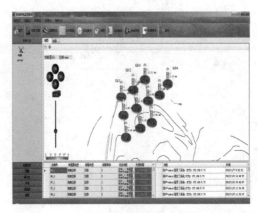

图 3-55 地表大地变形监测

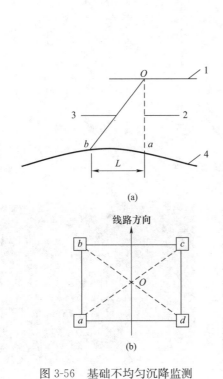

图 3-56 基础不均匀沉降监测

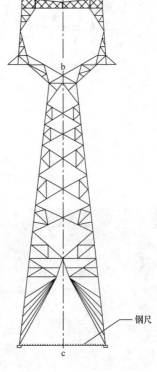

图 3-57 铁塔倾斜监测示意图

横担；2—绝缘子串正常位置；3—绝缘子串倾斜后的位置；4—导线

（2）根据崩塌体的地质条件、外观形态特征、变形迹象、崩滑历史、现今位移速率及发展趋势以及崩塌体可能造成的危害进行预报，如图 3-58～图 3-63 所示。

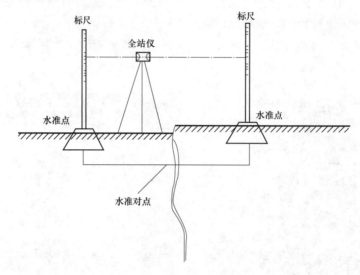

图 3-58　水准对点监测

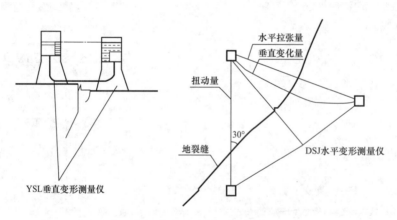

图 3-59　地裂缝三维监测

图 3-60　电磁波雷达泥水位监测

图 3-61　视频与地声监测

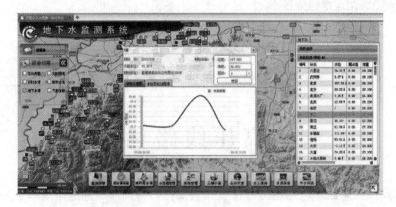

图 3-62 地下水动态监测系统

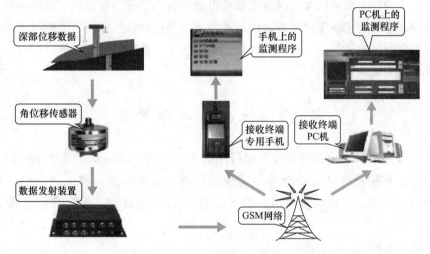

图 3-63 深部位移监测

（3）遥感技术监测。近年来，遥感技术快速发展，可供选择的遥感数据源种类越来越多。可以根据不同的需求（如监测范围大小、时间紧迫性、监测精度、数据可得性等）选择不同类型的遥感数据（见图 3-64）。一般来讲，洪涝灾害遥感监测可在 5 个级别的数据平台上进行：气象卫星、星载 SAR、机载 SAR、中分辨率的 MODIS 卫星、直升机。这些不同波段、不同平台的遥感信息，通过一定的数字变换进行信息复合

图 3-64 GPS 监测点

分析，可相互取长补短，相互结合形成洪水灾害的全方位立体监测系统，获取最佳专题信息。

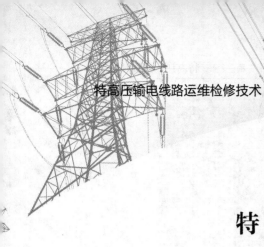

第四章

特高压线路运维

　　根据特高压及跨区输电通道运行特点和重要性，特高压线路运维应对输电通道防护保障体系、防护保障标准、建设阶段防护保障、生产阶段防护保障、资源保障等工作进行明确要求，确保不发生国家电网级重要输电通道故障造成三级及以上电网事件，不发生网省公司级重要输电通道故障造成四级及以上电网事件，不发生重要输电通道两条及以上输电线路同时故障停运。在遇到极端恶劣天气下，能够保证重要输电通道内各级电网最小骨干网架安全稳定运行。

第一节　特高压运维管理

　　特高压线路因其尺寸及结构较一般线路庞大和复杂，其运维管理要求也较一般线路要高很多。根据输变电设备全寿命周期管理要求，特高压线路也应在可研初设阶段、生产建设阶段、运维检修阶段开展全面深入精细化管理，确保建设质量及运维到位。

一、生产准备

（一）工作组设立

　　（1）根据线路工程的规模，在新建线路工程中，按一个工程设立一个生产准备工作组的方式。在改造线路工程中，按照每个地区设立一个生产准备工作组的方式。

　　（2）生产准备工作组由地市级运维检修部负责组建，成员包括公司领导、相关部室和专业机构等。新建特高压及直流线路工程的工作组组长应由公司分管领导担任，其他线路工程根据规模大小由运维检修部分管领导或输电运检中心领导担任工作组组长。

　　（3）特高压及直流线路新建工程一般应在工程计划投运 9 个月前，其他工程应在工程计划投运 3～6 个月前，完成生产准备工作组的组建工作。

　　（4）生产准备工作组负责在工程实施的关键环节，根据工程进度适时组织生产运行人员参与工程建设过程中的相关工作。加强与工程的业主项目部、施工项目部、监理项目部的双向信息沟通，对实施过程中发现的问题及时与建设管理单位进行沟通，做好生产运行准备相关工作。

（二）项目前期管理

　　（1）各级运检部门提前介入线路工程前期工作，参与可行性研究、设计选线、终勘定位、初步设计评审及技术审查工作，落实技术标准和反措要求，提出书面意见。

（2）线路运检单位提前介入工程施工，跟踪工程进度和质量，督促问题整改，重大问题报本单位运检部协调解决。专人负责全程介入施工前期、过程质量监督，强化各阶段验收管理。

（3）输电运维班参与工程施工质量、设备材料的抽查和中间验收，对发现的问题与缺陷，形成书面材料报上级主管部门和相关单位，并跟踪核实。落实新建线路本体、通道和附属设施的标准化建设要求，将标准化线路建设要求贯穿到工程建设全过程，确保输电线路投运即为标准化线路。

（4）各级运检部门应提前安排人员开展生产准备工作，编制生产准备计划，配置工器具、仪器仪表等生产装备，开展人员培训。

（5）线路运检单位应组织输电运维班提前收集新投线路各类信息、基础数据与相关资料。在工程投产前建立必要的设备基础台账，验收标识牌等辅助安全设施是否齐全合规，做好基建移交工器具与备品备件的接收。

（6）建设阶段技术监督中，应按照技术监督的要求做好监督送检工作，监督中发现的问题是否及时闭环，并将相关报告（技术监督月报）报生产准备工作组。

（三）线路验收管理

（1）根据工程进展编制验收组织管理方案及验收工作方案，落实特高压输电线路竣工验收人员，组织统一培训，并将根据施工单位验收时间节点统筹安排验收人员力量，确保工程顺利投产。

（2）在施工单位三级验收、监理初验收完成后，参加工程建设管理单位（业主项目部）组织的预验收，跟踪工程自检、初验、预验收查出的缺陷消除情况，要求自检、初检、预检资料齐全、完整。

（3）各级运检部门在工程验收组织机构的统一安排下开展工程验收工作。验收人员应逐项核实线路本体、通道情况，严格执行新建工程交接验收规定，确保线路"零缺陷"移交。

（4）线路运检单位应对验收资料档案及施工记录等是否满足竣工投运条件进行验收，并签字确认。

（5）各级运检部门应参加所负责或参与工程的启动试运行方案审查并参加各项启动工作，工程试运行期间组织输电运维班开展特巡、检测，并督促问题整改。

（四）线路启动投运

（1）工程竣工投运后，线路运维单位应督促并核实工程缺陷、通道环境、资料档案和实物资产等问题的整改。

（2）各级运检部门与建设管理单位按照基建工程、实物资产、工程档案的管理要求，联合组织工程交接，并与建设单位或施工单位签订《工程交接书》，签字表单或清册作为工程交接书附件保存。

（3）工程交接完成后，应按工程档案管理的要求，进行资料档案（包括纸质和电子版竣工图纸、资料等）的归档工作。

（4）线路运维单位组织完成生产准备费用形成的实物资产移交工作。输电运维班应按实物资产管理的要求，做好备品备件、仪器仪表、专用工器具的检验、入库工作，建立实物资产台账。

（5）工程竣工投运后 1 年内出现的质量问题，各级运检部门应向建设管理单位提出，必要时报上级运检部协调解决。线路运检单位负责督促建设管理单位处理与整改，输电运维班负责核实验收。

二、运检管理

（一）明确线路分界点及运维责任人

（1）各级运检部门应明确所辖线路的运维管理界限，不得出现空白点。不同运维单位共同维护的线路，其分界点原则上按行政区域划分，由上级运检部门审核批准。

（2）成立特高压管理组织机构，设立各级重要输电通道运维保障和护线工作领导小组和工作小组。负责运维保障和护线工作落实与督办，协调内部联控体系、外部联保体系和护线机制各单位与部门工作。

（3）线路运检单位应建立健全线路巡视岗位责任制，按线路区段明确责任人。

（二）制定现场运行检修方案

（1）线路运检单位应编制线路现场运行规程，现场运行规程主要体现线路差异化运维要求，模板详见附件。

（2）根据巡视不同的需要（或目的），线路巡视分为正常巡视、故障巡视和特殊巡视，并根据实际需要，组织开展直升机和无人机巡视工作。

（三）定期开展年度风险评估

1. 重要输电通道

重要输电通道原则上由两回及以上重要输电线路组成，重要输电通道发生故障时，会对核心骨干网架、战略性输电通道、重要用户等产生严重影响。

2. 重要输电通道风险评估

依据国家、行业相关标准，结合实际运行经验，按照山火、冰害、舞动、风害、地质灾害、污闪、雷击、机械外破、异物、树线放电、鸟害等 11 个技术要素，逐塔逐基开展冰区、污秽区、多雷区、舞动区、鸟害区等特殊区段的测量与调查，收集基础数据。进一步完善输电线路特殊区段划分，深入分析重要输电通道抗冰、防污、防舞、防鸟、防雷能力，通过加强设备异常及严重状态诊断分析，开展评价和风险评估，确定区段的风险状态。根据通道的风险状态（正常状态、低风险状态、中风险状态、高风险状态），从反措落实、运维管控等方面制定治理计划及措施，开展针对性治理。

3. 重要输电通道运维要求

（1）不发生国家电网重要输电通道故障造成三级及以上电网事件，不发生网省公司重要输电通道故障造成四级及以上电网事件。

（2）不发生重要输电通道两条及以上输电线路同时故障停运，在遇到极端恶劣天气下，能够保证重要输电通道内各级电网最小骨干网架安全稳定运行。

（3）实现重要输电通道运维保障和护线工作标准化、规范化、属地化、精益化和痕迹化，提高运维和护线水平。

（四）重要输电通道运维保障

1. 建立健全护线网络

建立运检单位运维护线、属地公司通道防护、护线网络通道巡护的护线机制。建立护线员网络，根据设备及通道环境状况合理配置护线员和信息员，公司重要通道内线路应逐线编制《线路护线员、信息员配置表》，每基杆塔应落实护线员和信息员。人口密集区、外力破坏易发区等特殊区段可适当增加护线员和信息员数量，人烟稀少区域或无人区，根据当地实际情况进行适当配置，特殊时段进行蹲守看护。信息员根据其提供信息的价值给予奖励。开展运维保障和护线工作的管控、监察性巡视、过程检查、重大事件处置，落实护线责任，纳入绩效考核，重要输电通道发生跳闸时要"说清楚"。

2. 强化护线责任落实

强化运检单位运维护线主体责任落实，分解线路区段明确落实到具体设备主人。强化属地公司通道防护责任落实，建立"市统管、县分管、供电所直管、责任人实管"的通道属地防护体系。确保人员、责任落实，加强通道清理、外部隐患巡查，及时通报信息，协助运检单位处理、控制事态发展，开展事件追责与索赔。强化通道巡护责任落实，规范护线标准和要求，加强护线过程督查与管控，当发生事件时第一时间到达现场核实，及时汇报，确保护线员全天候处于工作模式。

3. 近区线路六防治理

对重要输电通道逐线、逐档、逐塔开展设备状况排查，编制设备状况表，全面开展隐患排查，定期分类开展隐患排查、分类建档并滚动更新。按季节特点做好春季防树竹，汛季防滑坡、全年防山火与外破工作。

（1）每年冬、春季节将超高树木砍伐到位，砍伐树木时应留有一定的安全裕度，对没有采取高跨的成片林区和非成片林区，宜逐步安排改造达到高跨要求，达不到高跨要求时应砍伐出通道。

（2）在易发山火的植被茂盛区段和防山火重点时段前，及时清理灌木与茅草。在烟花爆竹燃放时节、春季农耕烧荒、清明节上坟祭祖、夏（秋）焚烧秸秆、重大庆典活动、节架日庆典活动、连续晴热3天及以上干燥天气等重点时段，采取防山火特殊防范措施。

（3）规范外部隐患"发现、核实、评估、报告、治理、验收"闭环管理机制，通过巡视、内部通知，外部举报等渠道及时发现外部隐患，并逐一建立管控台账，对能自行消除的隐患及时消除。做好通道内及附近大棚、临时工棚及彩钢板的加固，集中清理漂浮物，防止发生集中异物挂线。

（4）加强线路汛期特巡，对地质灾害高、中风险区段的杆塔应安排专人看护，必要时需安排人员24h值守；对易受水土流失、山体滑坡、泥石流冲击危害等影响的重点区段应在雨后巡视。

4. 三大直流满功率运维保障

三大直流（±800kV复奉、锦苏、宾金直流）满功率输送输电线路运维保障工作是指从前期准备、过程实施、总结考核的满送期间全过程管理工作，主要包括职责分工、总体要求、前期准备、运行维护、应急抢修、信息报送、总结考核等内容。涉及的线路包括复奉、锦苏、宾金三大直流及送受两端近区线路运维保障工作。

(五) 重要通道可视化

通过在杆塔上安装高清摄像头或在巡视中深化应用激光点云技术，发挥实景复制技术优势，深度挖掘立体化巡检数据信息，开展多种数据的集成应用，通过大数据分析指导运行维护工作，提升运维水平的智能化、信息化程度。

1. 线路通道实时可视化

通过图像视频技术、广域通信技术和信息处理技术，将杆塔通道可视化的图像和视频监控应接入统一视频监控平台，采用无线传输的监测数据原则上都应通过外网服务器接入。实现输电通道运行状态的实时监测、监视预警、分析诊断和评估预测，实现输电线路状态运行检修管理，提升输电专业生产运行管理精益化水平，如图 4-1 所示。

图 4-1　重要通道可视化

2. 线路通道静态可视化

利用飞行器搭载激光雷达扫描系统，获取输电线路上的高密度、高精度激光雷达点云和光学影像数据，弥补传统巡检方式的不足。应用 3S 技术、网络技术、计算机技术和三维全景技术 (图 4-2)，将电网设备图形信息、地形地理信息、激光雷达系统获取的高精度三维数据等信息有机结合，建立输电线路三维可视化管理系统，为智能电网建设打下基础。安徽公司应用激光扫描结果，建立了直升机无人机巡检管控系统，通过激光点云数据，融合输电线路信息数据，实现交跨管理，危险点管理，不同工况分析，平断面图、距离的测量等隐患管控。

图 4-2　基于激光点云的线路通道可视化

（六）检修标准

（1）《国家电网架空输电线路检修管理规定》：针对规划的特高压交直流输电线路路径，应沿线建立气象观测站或观冰点。对站点异常的，应进行改造或修理；处于三级舞动区的特高压线路悬垂绝缘子串的联间距不小于 600mm，否则宜进行修理。

（2）《±800kV 直流架空输电线路检修规程》（DL/T 251—2012）。

（3）《±800kV 特高压直流线路检修规范》（Q/GDW 1334—2013）。

（4）《1000kV 交流架空输电线路检修规范》（Q/GDWZ 1209—2015）。

（5）《国家电网架空输电线路三跨运维管理补充规定》。

（6）《国家电网重要输电通道防护保障指导意见》。

三、巡视管理

（一）线路状态信息

（1）线路台账及状态评价信息。

（2）线路故障、缺陷、检测、在线监测、检修、家族缺陷等信息。

（3）线路通道及周边环境，主要包括跨越铁路、公路、河流、电力线、管道设施、建筑物等交跨信息，以及地质灾害、采动影响、树竹生长、施工作业等外部隐患信息。

（4）雷害、污闪、鸟害、舞动、覆冰、风害、山火、外破等易发区段信息。

（5）对电网安全和可靠供电有重要影响的线路信息。

（6）重要保电及电网特殊运行方式等特殊时段信息。

（二）线路巡视要求

（1）线路状态信息应准确、完整地反映线路运行状况及通道环境状况，并及时补充完善。

（2）输电运维班应根据线路状态信息划分特殊区段，包括外破易发区、树竹速长区、偷盗多发区、采动影响区、山火高发区、地质灾害区、鸟害多发区、多雷区、风害区、微风振动区、重污区、重冰区、易舞区、季冻区、水淹（冲刷）区、垂钓区、无人区、重要跨越和大跨越等，线路特殊区段的主要特征见附件（图 4-3）。

图 4-3　特高压标准及规章制度

（3）输电运维班应及时掌握通道内树竹生长、建筑物、地理环境、特殊气候特点及跨越铁路、公路、河流、电力线等详细分布状况，对重要线路或特殊区段应逐档绘制线路通道状态图，并根据通道状态变化动态修订。

（三）巡视标准

（1）《国家电网架空输电线路运维管理规定》：特高压交直流线路为Ⅰ类线路，巡视周期一般为 1 个月。特高压交直流线路危急缺陷应立即上报国家电网运检部。

（2）《±800kV 特高压直流线路运行规程》（Q/GDW 11092—2013）。

（3）《1000kV 交流架空输电线路运行规程》（Q/GDWZ 210—2008）。

（4）《1000kV 交流架空输电线路运行规程》（DL/T 307—2010）。

（5）《重要输电通道风险评估导则》（Q/GDWZ 11450—2015）。

（6）《国家电网架空输电线路三跨运维管理补充规定》。

（7）《国家电网重要输电通道防护保障指导意见》。

第二节　特高压线路巡视

根据不同的巡视需要（或目的），线路巡视分为正常巡视、故障巡视和特殊巡视。其中，正常巡视侧重于按周期进行巡视，巡视时间相对固定，可动态调整；故障巡视侧重于发生故障后的巡视，巡视时间不固定；特殊巡视侧重于针对某一特殊要求的巡视，巡视时间有一定的要求。

一、巡视分类

（一）正常巡视

（1）地面巡视：掌握线路各部件运行情况及沿线情况，及时发现设备缺陷和威胁线路安全运行的情况。地面巡视一月一次，巡视区段为全线。

（2）登塔巡视：为了弥补地面巡视的不足，巡视人员带电登塔检查塔身和电气部分的缺陷。巡视人员应做好各项安全措施，可采用高倍望远镜等辅助手段，登塔巡视每年一次。

（3）飞行器巡视：飞行器巡视可以利用直升机进行载人巡视，也可使用如无人机、遥控航模等飞行器，巡视区段为全线或重点区段。

（4）监察性巡视：运行单位生产管理和技术人员了解线路运行情况，检查指导巡线人员的工作。监察巡视每年至少一次，一般巡视全线或某线段。

（二）故障巡视

查找线路的故障点，查明故障原因及故障情况，故障巡视应在发生故障后立即进行，巡视区段为发生故障的区段或全线。

（三）特殊巡视

特殊巡视是指在气候剧烈变化、自然灾害、外力影响、异常运行和其他特殊情况时开展的非常规性巡视。特殊巡视根据需要及时进行，根据其他巡视掌握设备情况，确定巡视范围和重点。通常有临时、夜间、交叉和诊断性巡视，主要是根据运行季节特点、线路健康情况、负荷变化以及环境特点确定巡视重点巡视全线路、某线段或某部件。

特高压线路由于承担着大电网、大负荷、远距离传输的功能，较常规线路巡视的要求有所提高。线路运检单位应在气候剧烈变化、自然灾害、外力影响、异常运行和对电网安全稳定运行有特殊要求时组织开展特殊巡视，巡视的范围视情况可为全线、特定区段或个别组件。

特殊区域的巡视基本周期按以下执行，根据现场情况可适当调整。

（1）树竹速长区在春、夏季巡视周期一般为半个月。

（2）地质灾害区在雨季、洪涝多发期，巡视周期一般为半个月。

（3）山火高发区在山火高发时段巡视周期一般为10天。

（4）鸟害多发区、多雷区、风害区、微风振动区、重污区、重冰区、易舞区、季冻区等特殊区段在相应季节巡视周期一般为1个月。

（5）对线路通道内固定施工作业点，每月应至少巡视2次，必要时应安排人员现场值守或进行远程视频监视。

（6）重大保电、电网特殊方式等特殊时段，应制定专项运维保障方案，依据方案开展线路巡视。

（7）恶劣天气、设备超满载运行、保电时段、突发情况、隐患升级时，运维单位应根据实际情况启动特殊巡视，增加巡视频度，重点应加强特殊区段的巡视。必要时，应用红外热成像等技术手段开展带电检测，加强线路在线监测系统的值班监视。

（8）因天气等客观原因未能在一个差异化巡视周期内及时完成巡视的特殊区段，必须在下一个周期优先安排巡视。

二、巡视要求

运行单位应做好巡视工作，并根据实际需要调整或进行故障巡视、特殊巡视、夜间、交叉和诊断性巡视、监察性巡视等。应对每个巡线责任人明确巡视范围、内容和要求，不得出现遗漏段（点），并对巡视到位率进行考核。必要时可请求停电，采取登塔或走线的方式进行补查。

线路发生故障时，不论重合是否成功，均应及时组织故障巡视，必要时需登杆塔检查。巡视中，巡线员应将所分担的巡线区段全部巡视完。发现故障点后应及时报告，重大事故应设法保护现场。对发现的情况应进行详细记录，应取回引发故障的物证（包括现场拍摄的录像或照片）。

输电运维班对多雷区、微风振动区、重污区、重冰区、易舞区、大跨越等区段应适当开展带电登杆（塔）检查。重点抽查导线、地线（含 OPGW）、金具、绝缘子、防雷设施、在线监测装置等设备的运行情况，原则上 1 年不少于 1 次。对已开展直升机、无人机巡视的线路或区段，可不进行带电登杆（塔）检查。

输电运维班巡视中发现的缺陷、隐患应及时录入运检管理系统，最长不超过 3 日。

第三节　智　能　巡　视

特高压是目前蓬勃发展的先进输电技术，输送容量大、送电距离长、线路损耗低、占用土地少，是真正的"电力高速公路"，在能源互联网发展大势中占有举足轻重的地位。但由于特高压输电线路长、杆塔高、多数处于崇山峻岭之中，传统的人工运行管理模式和常规作业方式，面临着劳动强度大、工作条件艰苦，劳动效率低等问题。遇到电网紧急故障和异常气候时，线路维护人员在不具备有利的交通条件时，只能利用普通仪器或肉眼来巡查设施。因此以人工为主运行模式已经不能完全适应现代化电网建设与发展的需求，探索特高压线路智能巡检新模式已成为特高压输电技术发展亟待解决的瓶颈。

近年来，国家电网公司各单位不断开展新型巡检技术研究和应用，构建新型智能运检模式。直升机、无人机、移动终端等先进装备和巡检技术已成为输电线路重要巡检手段，正在探索基于卫星遥感的输电通道巡视技术。从空间上，可从天上、空中和地面对架空输电线路本体设备、附属设施和通道环境等进行全方位立体巡检，提高了隐蔽性缺陷和安全隐患的发现率，提升了巡检效率和质量；从时间上，卫星遥感、直升机、无人机和人工巡检的周期相互配合，可对巡检资源优化配络，降低巡检成本，提高巡检效益；在运检业务融合方面，随着大数据、云计算、物联网等新技术发展，可深化可见光、红外、激光扫描、地理环境、气象条件等运检信息的有效融合，深度挖掘运检数据应用价值。

一、直升机巡检技术

随着电力科学技术的不断进步，以及航空事业的发展，世界各国采用直升机对架空输电线路进行线路巡检、带电作业和施工作业等有了巨大的进步和发展（图 4-4）。1998年国家电网开展直升机巡线、检修、带电作业及电力施工课题的研究，随后广东、四川、江苏、宁波、黑龙江、浙江等省电力公司进行了巡线试飞。华北电网公司经过巡线试飞和项目评审，2002 年与首都通用航空公司合作正式启动直升机电力巡线项目。

2008 年，华北电网有限公司全资收购北京首都通用航空公司，并于 2009 年 12 月组建成立了国网通航公司。2011 年 9 月，正式归国家电网公司直属管理。

图 4-4　部分巡线直升机

（a）美国 MD500；（b）欧洲 EC120；（c）美国 Bell206 L-4；（d）中国 Z11

　　直升机巡检平台具有巡检效率高、灵活、快捷、不受地域影响等优势，可执行多任务载荷、精细巡检作业。自 2011 年起，国网公司已广泛开展直升机常规巡检、通道专项特巡、激光扫描作业、基建验收等应用。作业区域已覆盖公司系统各单位，年巡检作业量突破 13 万 km，累计发现缺陷 7.65 万处，其中严重以上缺陷 3200 处，初步建立了直升机巡检管理和技术标准体系，积累了直升机巡检海量数据。在巡检计划制定、数据管理与应用、高海拔作业、带电作业、基建施工、勘测设计等方面取得一些成果。

　　（一）直升机巡检的机载设备

　　随着红外热成像技术、紫外成像技术、机载雷达技术、GIS 数据库技术、照相技术以及摄像等记载设备技术的发展，直升机巡线技术得到了快速的发展。研究适应于直升机巡线的机载观测设备，对于推动直升机巡线向实用化方向发展，具有重要的支撑作用。

　　1. 可见光成像设备

　　由直升机航检员采用照相机、摄像机或可见光吊舱对输电线路进行拍摄，通过陀螺稳定框架中可见光传感器对高压输电线路进行巡查，提供稳定图像输出和灵活操作，是输电线路直升机巡检的主要方式。通过航检员进行线上实时观察拍摄的作业方式，优点是快速完成全部巡检任务，缺点是巡检质量受航检员技能制约，容易遗漏缺陷。随着人工智能技术的快速发展，搭载巡线专用光学吊舱通过配备智能目标识别模块和高精度陀螺稳定平台，使得成像传感器在机载工况下保持高精度稳定。并利用机载目标识别模块自动跟踪拍摄目标，完成对输电线路，杆塔等设备的搜索、观察和拍摄等工作任务。

图 4-5 为一款高性能的智能吊舱系统，系统采用了先进的陀螺稳定技术设计的球形转塔结构，内部集成了高性能的制冷型红外热像仪和高性能的摄像机以及数码照相机，并配备了完整的操作控制界面及数据记录设备（包括记录 GPS 数据）。可用于电力线路红外检测、拍摄、巡逻等工作。

(a) (b)

图 4-5　智能吊舱及操作系统

（a）携带吊舱后的整体效果；（b）智能巡检系统操作站

2. 红外热成像仪

红外热成像可以有效检测线路导线、金具等发热缺陷。红外热成像技术可以对导线和金具等设备的后期缺陷进行检测，然而对于线路建设早期的设备的缺陷却不能进行有效的检测。

2014 年 5 月和 7 月，浙江电力在应用直升机巡线过程中，采用红外热成像装置检测到导线引流线板异常发热，发热图像见图 4-6，地线线夹挂板异常发热见图 4-7。

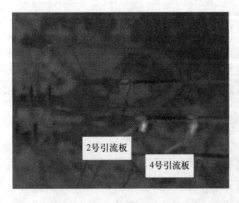 

图 4-6　引流线板热成像图　　　　图 4-7　地线线夹挂板热成像图

3. 紫外成像仪

电气设备产生电晕或放电时的紫外线辐射强度与电场强度大小直接相关。紫外检测仪可以统计出单位时间内的电晕脉冲数，以此来确定放电强度，为电气设备的状态监测提供依据。

在实际线路上的绝缘子串和复合绝缘子，利用紫外成像仪观察到它们在有缺陷时发生放电的紫外图像，如图 4-8 所示。

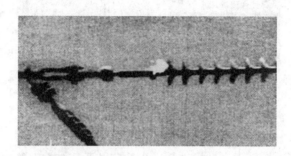

图 4-8　输电线路复合绝缘子端部产生电晕放电的紫外图像

在输电线路进行现场实际测量时，可以利用专用直升机进行机载检测，图 4-9 是机载紫外检测设备情况。

图 4-9　机载紫外仪

4. 机载激光雷达

航空三维激光扫描与摄影测量技术是将三维激光扫描仪和航空摄像机装载在飞机上，利用激光测距原理和航空摄影测量原理，快速获取大面积地球表面三维数据的技术。通过基于全球定位系统（GPS）和惯性测量装置（IMU）的机载定位定向系统（POS）连接，构成当今世界上摄影测量与遥感领域最先进的 LIDAR（Light Detectionand Ranger）对地观测系统。不但可以用于无地面控制点或仅有少量地面控制点地区的航空遥感定位和影像获取，而且可实时得到地表大范围内目标点的三维坐标，航空激光雷达扫描与摄影测量系统工作示意图，如图 4-10 所示。

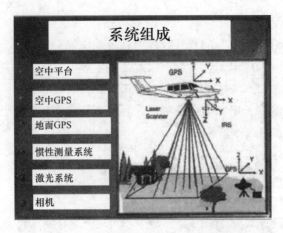

图 4-10　航空激光雷达扫描与摄影测量系统工作示意图

（二）直升机巡线优点

相对人工巡线来说，采用直升机进行巡线具有以下几个方面的优点：

（1）安全性高：特、超高压输电线路的杆塔一般高度都在 40m 以上，人工登杆进行近距离观察或作业的难度增高。而直升机是离开高压带电体一定的距离之外进行观察，因而十分安全。

（2）工作效率高：正常的直升机巡线速度大约在 20～40km/h，即使在夏季迎峰度夏和冬季防污闪的精细巡线作业时，直升机巡线速度也在 6～8km/h，这比人工巡线的效率高得多。

（3）巡线质量高：目前在直升机上都配备了多种先进的机载检测设备，可以十分直观、有效地观察到特高压输电线路设备的各种缺陷：金属连接元件松动而发热、导地线断股而发生的异常电晕、绝缘子损伤与劣化、绝缘子表面的污秽等。还可以利用先进的三维扫描仪对特高压输电线路走廊进行三维扫描，全面观察线路走廊内妨碍特高压输电线路安全运行的各种障碍物，例如：树木的生长、违章建筑等。

二、无人机巡检技术

2013 年开始，国家电网公司组织国网冀北、山东、山西、湖北、重庆、四川、浙江、福建、辽宁和青海 10 家试点单位。国网通航公司和中国电力科学研究院作为技术支撑单位，结合人工巡检、直升机巡检和无人机巡检各自的优缺点，开展了输电线路直升机、无人机和人工协同巡检模式试点工作。输电线路巡检模式迎来立体化变革。经过三年的试点工作，无人机应用于输电线路巡检作业已取得重大突破，2015 年起已进入全面推广阶段。可以预见，在今后的线路管理中，发展无人机等智能巡检技术，并推动人机协同巡检模式将是未来线路运检管理方向。

（一）无人机巡检系统构成

无人机技术的发展为架空电力线路巡线提供了新的移动平台。利用无人机搭载巡检设备进行巡线，能提供巡线效率，降低巡线成本，不会造成人员伤亡。这种高效、经济、安全的巡线方法已经开始成为研究热点。

无人机巡检系统一般由无人机分系统、检测分系统、无线通信分系统、数据智能管理分析分系统等四大部分构成，具体形式各异。整体框架结构图，如图4-11所示。

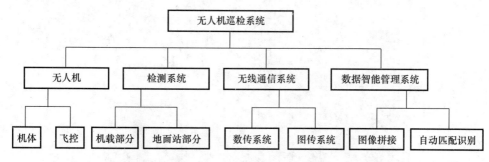

图4-11　系统整体框架结构图

（二）机型分类及技术特点

目前用于电力巡检的无人机按照结构分可以分为多旋翼无人机、固定翼无人机和无人直升机三类，其特点各不相同：

（1）多旋翼机型的特点是体积小，质量轻，结构稳定、操作简便、起降方便，运输条件要求低，但续航时间短，充电时间长，载重量小，可携带的观察检测设备较少，单次飞行完成2～3基杆塔的精细化巡检和短距离输电通道巡检工作。

（2）固定翼机型的特点是体积大，飞行速度快、续航时间长，可自主飞行，巡线效率高，但需配备大型运载工具，起降比较复杂，对地面交通状况要求较高。此类机型配合远程控制系统，适用于输电走廊结构简单的长线路高速高效巡线。

（3）无人直升机的机体结构接近于有人直升机，主要特点是体积大、载重量大、续航时间长、可定点悬停，可远距离查找线路缺陷。但其操作复杂，需要3～4人配合操作，适用于长距离精细化巡检及搭载多种任务设备开展其他巡检工作。

（三）多旋翼无人机巡检应用

多旋翼无人机可用于输电线路日常精细化巡检作业、输电线路故障跳闸巡检、线路设备验收、地线锈蚀和老旧设备等专项隐患排查、保供电期间线路特巡、水塘中等特殊区域杆塔巡检以及应急抢修中引线展放等工作。

1. 日常巡检

多旋翼无人机可以发现导线、地线、金具和绝缘子等人工难以发现的细小缺陷，能有效弥补人工地面巡视不足。电压等级、杆塔高度越高，多旋翼无人机精细化巡检越有实际意义。在部分密集通道线路因难以实施有人直升机巡线作业，宜重点开展多旋翼无人机巡检，应用多旋翼无人机弥补了有人直升机巡检遗留下来的"真空地带"。

多旋翼无人机协同人工开展密集通道内杆塔精细化巡检，如图4-12所示。多旋翼无人机主要巡查地线、导线、绝缘子串、间隔棒和防震锤等处于塔头高度的故障，人工巡检主要巡查塔头以下的各类故障。对于多旋翼无人机和人工都能看到的故障，采用视角互补的形式进行双重巡查，即以导线、金具、绝缘子等为观察对象，多旋翼无人机居高临下采用俯视角巡查，人工使用望远镜进行仰视观察。视角互补的巡查方式能有效发现单一角度所观察不到的故障和隐患。多旋翼无人机作为人工巡检作业的补充方式，不仅大大地提高了输电线路隐蔽性缺陷的发现率，而且巡视效率还得到了显著提高。

图 4-12　多旋翼无人机在"六线合一"通道内巡检

2. 故障巡检

输电线路发生故障跳闸时，由于杆塔高，故障闪络范围小，现场故障巡视时人工在地面和登杆检查，受角度和视线所限难以查找故障点，应用多旋翼无人机开展故障跳闸巡视。重点检查线路通道状况，导地线有无闪络痕迹、断股等现象，检查绝缘子损伤情况，金具损伤情况等，可较为有效查找故障点，减少人员登杆工作，提高故障巡视安全性。

3. 设备验收

在新设备验收及复验阶段，利用多旋翼无人机替代人工登塔对特高压线路或者高电压等级线路高塔的所有缺陷进行采集，降低人工登塔劳动强度。

应用多旋翼无人机在线路验收中对导地线、间隔棒、均压环、绝缘子等进行近距离拍摄，采集照片均能清晰的判别开口销是否缺失、导线是否松股等缺陷，如图 4-13 所示。

图 4-13　1000kV 某杆塔号上相小号侧均压环偏差超过规程规定

4. 隐患排查

输电线路长期运行于野外，随着环境变化和运行年限增加，设备健康水平不断降低，为更好的掌控线路设备的运行状态，了解线路金具、地线的锈蚀和部件缺失的情况，应用多旋翼无人机机开展输电线路隐患排查。主要对老旧线路的导地线、绝缘子和金具进行近距离的拍摄部件锈蚀、损坏、缺失情况，掌控设备运行情况，为设备的状态检修提供了决策资料。

5. 保供电特巡

目前因各类重大活动、重要节日、电网运行方式改变、恶劣天气影响等保供电工作日益增多，输电线路作为电网保供电工作的重要环节，要求在保供电期间保电线路始终处于可控、能控、在控状态。因此，应用多旋翼无人机对保供电线路进行保电前全面巡检、保电期间特巡，确保保电线路健康运行。

6. 三跨特巡

由于无人机巡检有着距离和视角的优势，应用无人机对于重要交跨段导地线挂点巡视，并清晰辨别挂点金具状况，并及时发现各类隐患，确保安全。

2016 年，某电力公司开展无人机特巡发现 500kV 某线路 35 号杆塔左地线挂点 U型挂环螺帽已脱落，螺栓即将松脱，属危急缺陷。而 35 号~36 号段跨越一条铁路及220、110kV 输电线路，如不紧急处理，一旦地线掉串，后果不堪设想。该线路运维单位随后立即对该缺陷进行了紧急消缺。缺陷如图 4-14 所示。

图 4-14　35 号左地线挂点 U 型挂环螺帽已脱落，螺栓即将松脱

7. 特殊区域巡检

我国部分河流密集区域，对处于水塘或湖中待杆塔，巡视人员远距离无法发现隐蔽性的缺陷，应用多旋翼无人机近距离巡检设备情况，以及在汛期、洪水季节检查杆塔基础情况，如图 4-15 所示。解决了人工无法巡视到位、效率低的问题。

（四）固定翼无人机巡检应用

固定翼无人机主要适用于开展输电线路通道巡查、灾情普查及施工监查等方面。通过一系列的飞行测试和验证，其飞行稳定性和可靠性、续航时间、巡检视频和图像质量等均可满足线路通道巡检需要，工作中应用最多的是输电线路通道日常巡检和灾情普查，其他还有施工进度监察等应用。

图 4-15　多旋翼无人机巡检水塘内杆塔

1. 日常巡检

利用固定翼无人机全自主快速飞行的特点，通过搭载可见光、红外线及激光扫描设备等对输电通道进行正摄影像拍摄，可以清晰反应输电线路通道情况。如采用三维激光扫描或倾斜成像设备，则可对输电通道内的树障等进行计算、分析。

2014 年 5 月，某公司应用固定翼无人机对所在辖区内一条 220kV 线路开展全通道日常巡检。固定翼无人机巡查所采集的照片能够清晰的显示该输电线路通道情况，对于重要交跨及人员密集区情况比卫星图片更为清晰、直观。通过人工识别后，发现该线路 98 号～99 号杆塔间线路正下方存在吊机作业危险点，如图 4-16 和图 4-17 所示。通过此次防外破事件的发现，也证明了固定翼无人机线路通道日常巡检也可以作为防外力破坏监测手段之一。

图 4-16　220kV 某线路正下方存在吊机作业

图 4-17　吊机作业情况

2. 灾情普查

由于固定翼无人机航时长，用于快速侦查灾情发生后人员不便到达的线路区段，因此成为灾情普查的利器。

2013 年，某地遭遇超强台风袭击，多条线路发生倒塔断线事件。如何应用无人机普查跳闸线路倒塔断线灾情，为全面准备抢修物资和科学安排电网调度快速提供事实依据成了迫切需求。由于该 110kV 线路大部分杆塔位于山区，线路全长 41.85km，共有 114 基杆塔，平均海拔 410m。由于台风破坏造成了道路交通阻塞，普通车辆和多旋翼无人机很难进入灾区，同样人工巡查方式无法满足信息的及时性。随后，该电力公司应用固定翼无人机对在此次台风中发生倒塔的 110kV 某故障线路开展全线灾情普查。最终获取到清晰的灾情图像，如图 4-18 所示。该电力公司第一时间就掌握了灾情信息，精确的故障杆塔坐标、清晰的故障照片，以及空中俯瞰的上山小道，都为后续制定抢修方案提供了有力的信息支撑。

图 4-18　线路倒塔照片

3. 施工进度监察

和输电线路常规巡视类似，固定翼无人机还可用于施工进度监察。传统的输电线路基建施工进度检查采用人工方式，需要检查人员到达现场进行检查，不仅人员疲劳，而且检查效率较低。现在有了固定翼无人机这种快速巡查工具，可以通过在基建工地上方快速拍摄的方式，直观地反映施工进度。在天气晴好时，其分辨率甚至可用于督查施工人员是否正确使用安全工器具。快速、高效就是固定翼无人机用于电力线路巡视的巨大优势。

2015 年 1 月，某公司应用固定翼无人机对正处于基础施工阶段的特高压线路进行施工基建巡查，如图 4-19 所示。依据施工单位提供的报告，截至 1 月 12 日，总计完成基础开挖 90 基，完成率为 40.3%，基础浇制 77 基，完成率为 34.5%。无人机作业人员考虑到该线路尚在基础浇筑阶段，现场勘察过施工区段，决定采用依据地形起伏的飞行方式，并且将飞行高度降低到相对地面 70m 的高度。全程按照预设航线进行照片拍摄。同时为了让基建管理人员实时看到施工情况，在固定翼无人机上搭载了微型摄像机，并配以高清图传系统。实时回传的高清画面让工作人员清晰地看到每座塔基的施工情况和周围环境，为后续的施工安全和线路巡视奠定基础。随着实时固定翼无人机实时图传系统的日渐成熟，将会为更多的电力巡查提供便利。

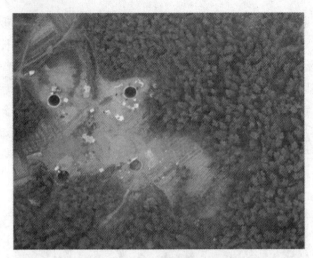

图 4-19　某特高压线路基建现场

三、卫星遥感巡视技术

卫星遥感巡视具有探测范围大、信息获取速度快、受地形条件限制小等优势，在农业、国土资源、灾害监测等行业得到了广泛应用。在电力行业中，基于光学遥感的辅助选线技术相对成熟，国网湖南电力防灾减灾实验室研发的基于气象卫星的山火监测系统，在公司跨区输电线路山火监测与预警工作得到了应用。中国电科院提出的基于北斗和合成孔径雷达卫星的地质灾害监测技术在冀北、浙江、湖南等 7 个单位开展了试点应用。

四、架空输电线路机器人巡检技术

架空输电线路机器人巡检是在导地线上挂载自主行走平台、搭载可见光、红外和机械手臂等设备开展巡视和检修作业（图 4-20）。但是目前存在无法自主上下线、多档距巡检时需对线路结构进行改造等问题，在巡检机器人长期运行可靠性方面也未得到工程应用检验，尚处于探索应用阶段。

图 4-20　输电线路巡检机器人

五、输电线路在线监测技术

输电线路在线监测技术是利用太阳能电池供电，通过无线公网或专网通信传输方式，对输电线路环境通道环境、温度、湿度、风速、风向、泄漏电流、覆冰、导线温度、风偏、弧垂、舞动、绝缘子污秽、周围施工情况、杆塔倾斜等参数进行实时监测，提供线路异常状况的预警，通过对线路可视化巡视和各有效参数的监测，能够提高对输电线路安全经济运行的管理水平，并为输电线路的状态检修工作提供必要的参考。安装在杆塔上的在线监测设备实例如图 4-21 所示。

图 4-21　安装在杆塔上的在线监测设备

第四节　特高压线路维护

线路维护应按照设备状况、巡视和检测的结果及反事故措施要求确定。维护工作一般包含检测、缺陷管理、运行分析与评价、资料管理及人员培训等几个方面。

一、检测维护

（1）线路检测工作主要包括：红外检测、接地电阻检测及地网开挖检测、绝缘子低值零值检测、复合绝缘子劣化检测、盐密及灰密测量、紫外检测、导线弧垂、对地距离和交叉跨越距离测量等，项目与周期见附件。

（2）线路运检单位应根据线路运维状态、运维时间、线路环境等实际信息，制定合理的检测计划，并开展检测分析，编报分析报告。输电运维班应严格按照检测计划开展检测工作，做好检测记录和异常分析处理。

（3）特殊区段检测管理。

1）每年雷雨季节前应对强雷区杆塔进行 1 次接地装置检查和接地电阻检测，对地下水位较高、强酸强碱等腐蚀严重区域应按 30％比例开挖检查。

2）对采空区和大跨越铁塔每年应开展 1 次倾斜检测，特殊情况应缩短测试周期。

3）加强夏季高温时段和满载、重载时段导地线弧垂测量和红外测温工作。当环境温度达到 35℃或输送功率超过额定功率 80％时，对线路重点区段和重要跨越地段应及时开展红外测温和弧垂测量，依据检测结果、环境温度和负荷情况跟踪检测。

4）根据线路运行状态，适时开展夜间巡视，及时发现线路电晕放电隐患。对电晕放电较严重的部位，宜进行紫外成像分析，采取相应处理措施。

（4）省检修（分）公司、地（市）公司、县公司运检部应加强线路带电检测和状态监测管理，根据检（监）测数据和信息，开展统计分析并掌握线路运行状态，及时发现设备隐患，制定整改措施并组织实施。

（5）输电运维班应按照公司运维装备配置标准配备相应的检测设备。

（6）线路运检单位应加强线路在线监测装置的运维工作，及时更换失效的在线监测装置。

（7）各级评价中心应收集气象、覆冰、风偏、舞动、微风振动、杆塔倾斜、导线温度、视频等线路运行环境和状态的实时监测数据，开展数据统计与分析，编制月度专题报告并报上级运检部，适时发布预警信息。

输电运维班应根据线路状况及时开展维护工作，主要包括：更换接地装置和塔材、铁塔防腐、基础及防洪、防撞设施修复，附属设施安装、修补，树竹砍伐，水泥杆裂纹修复等。

二、缺陷管理

（1）线路缺陷分为本体缺陷、附属设施缺陷和外部隐患三类：

1）本体缺陷指组成线路本体的全部构件、附件及零部件缺陷，包括基础、杆塔、导线、地线（OPGW）、绝缘子、金具、接地装置、拉线等发生的缺陷。

2）附属设施缺陷指附加在线路本体上的线路标识、安全标志牌、各种技术监测或具有特殊用途的设备（如在线监测、防雷、防鸟装置等）发生的缺陷。

3）外部隐患指外部环境变化对线路的安全运行已构成某种潜在性威胁的情况，如在线路保护区内违章建房、种植树竹、堆物、取土及各种施工作业等。

（2）线路的各类缺陷按其严重程度分为危急、严重、一般缺陷：

1）危急缺陷指缺陷情况已危及到线路安全运行，随时可能导致线路发生事故，既危险又紧急的缺陷。危急缺陷消除时间不应超过 24h，或临时采取确保线路安全的技术措施进行处理，随后消除。

2）严重缺陷指缺陷情况对线路安全运行已构成严重威胁，短期内线路尚可维持安全运行，情况虽危险，但紧急程度较危急缺陷次之的一类缺陷。此类缺陷的处理一般不超过 1 周，最多不超过 1 个月，消除前须加强监视。

3）一般缺陷指缺陷情况对线路的安全运行威胁较小，在一定期间内不影响线路安全运行的缺陷，此类缺陷一般应在一个检修周期内予以消除，需要停电时列入年度、月度停电检修计划。

（3）缺陷应纳入运检管理系统进行全过程闭环管理，主要包括缺陷登录、统计、分析、处理、验收和上报等。

（4）输电运维班通过现场巡视、检（监）测等手段收集缺陷，确认、定性缺陷后，在运检管理系统为缺陷建档，纳入缺陷管理流程。

（5）线路运检单位应核对缺陷性质，并组织安排缺陷的消除工作，危急缺陷应报上级运检部。上级运检部应协调、监督、指导缺陷的消除工作，缺陷在未消除之前应制定有效的设备风险管控措施。输电运维班对缺陷处理情况进行验收检查。特高压交直流线路危急缺陷应立即上报公司运检部。

线路运检单位应结合线路运行经验、季节特点和通道情况积极开展线路隐患排查治理工作，建立隐患台账，及时消除设备和通道隐患。

三、运行分析与评价

（1）各级运检部门应认真做好月度、季度、年度运行分析和典型故障、缺陷的专题分析工作。220kV 及以上电压等级线路故障分析模板见附件。

（2）省公司运检部每季度应组织 1 次运行分析会，省检修（分）公司、地（市）公司、县公司运检部每月组织 1 次运行分析会，输电运维班每月开展 1 次运行分析。线路运行水平主要参考指标见附件。

（3）各级运检部门应及时组织开展故障分析工作，各级评价中心做好技术支撑。省检修（分）公司、地（市）公司运检部应在故障点确认后 2 日内组织完成故障分析，形成故障分析报告并报送省公司运检部。跨区线路故障分析报告应于故障点确认后 3 日内按要求完成，并报公司运检部。各级运检部门应适时组织召开典型故障分析会，总结故障经验，提出改进措施。

（4）省公司运检部组织，设备状态评价中心负责，省检修（分）公司、地（市）公司、县公司运检部根据《架空输电线路状态评价导则》，对线路设备的整体状况开展评价工作：

1）状态评价工作应纳入日常生产管理，定期进行评价。对评价为异常、严重状态的线路应制定相应的检修策略并结合技改大修进行处理。

2）评价结果应形成报告并按时报上级运检部。

（5）公司运检部、省公司运检部应组织退役线路的技术鉴定，并及时督促线路运检单位办理线路报废手续。

新投运线路投运后 1 个月内，线路运检单位应组织输电运维班开展 1 次全面检测，并进行首次状态评价工作。

四、年度检修

（一）年度停电检修

特高压线路由于承担着大电网的动脉，其安全稳定运行直接关系到电网的稳定。因此，按照年度检修开展停电检修工作，保证线路检修完成后，线路本体、接地装置、附属设施和通道环境等处于正常状态。

1. 检修前准备

认真梳理线路状态评价结果、发现缺陷情况，提前做好检修工器具和物资材料的准备工作。结合技改大修工程项目，明确检修工作重点，提前编制检修作业方案，按流程审核确认，并于检修开始前 1 周上报国网运检部备案。

组织对管理和作业人员进行检修方案培训，使各类作业人员做到"三清楚"，即对线路运行状态和检修内容清楚、对检修方式和方法清楚、对进度安排和作业危险点清楚。

2. 检修过程管控

合理确定检修进度安排，制定符合现场实际的安全、技术措施，细致分析每项作业的危险点，必要时要对检修现场进行实地勘察。严格落实检修作业方案，对计划处理的缺陷要100％消除，在检修过程中发现的缺陷要及时处理，确保不影响线路安全运行。执行年度检修工作日报告制度。

各级领导在年度检修期间要集中精力，按照职责要求到岗到位，深入现场督导检修工作，加强现场监督管理和组织协调，落实各项安全和技术措施，确保人身、设备安全。

3. 检修质量管控

对在工程建设阶段试用的新型绝缘子、金具等要重点检查其运行情况。加强技改大修现场组织管理，认真落实检修质量保证措施，涉及到线路检修作业外委时，要加强外委队伍的培训和作业质量管理。要强化各阶段检修质量验收管理，重点管控保证检修质量的关键环节、关键部位和关键工艺，确保检修质量。

检修工作开始后，认真总结当日检修工作完成情况、存在的问题和下一日的工作计划，检修中遇有异常情况要及时报告。

（二）带电作业

带电作业作为输变电线路带电测试、检修、改造的主要手段，在提高供电可靠性、减少停电损失、保证电网安全方面发挥了重要作用。由于特高压线路承担的负荷大，其停电计划必需按照年度进行安排，因而带电作业在特高压电网方面的影响更为重要。

为了进一步规范特高压交直流输电线路带电作业项目，国网公司运检部组织省级运维单位技术人员系进行了统一梳理，共梳理出绝缘子类、导地线类、金具类，附属设施共4类16项典型带电作业项目，基本涵盖了输电线路电气部件的检修工作。具体项目详见表4-1。

表 4-1   特高压线路带电作业项目

序号	项目类型	作业项目	作业方法
1	绝缘子类	更换直线塔I型、双I型复合绝缘子	等电位
2		更换直线杆塔单V型、双V型复合绝缘	等电位
3		更换直线杆塔双V型、双L型复合绝缘子	等电位
4		更换耐张横担侧等1～3片盘形绝缘子	地电位
5		更换耐张导线侧等1～3片盘形绝缘子	等电位
6		更换耐张绝缘子串任意单片盘形绝缘子	等电位
7	导、地线类	修补导线	等电位
8		处理导线异物	等电位
9		修补地线	地电位
10		处理地线异物	地电位
11	金具类	检修导线间隔棒	等电位
12		检修防振锤	地电位
13		消除金具缺陷	等电位/地电位
14	附属设施类	安装或检修在线检测装置	等电位
15		安装或检修防鸟装置	地电位

五、资料管理

（1）线路运检单位应建立健全线路台账和运维管理技术档案。

（2）线路台账包括：线路基本信息、杆塔基本信息、拉线信息、绝缘子信息、金具信息、杆塔附属设施、导线信息、地线信息、设备图纸资料、线路交叉跨越管理信息、防污监测点台账，详见附件。

（3）输电运维班应及时搜集新建、技改大修、迁改线路的全部资料，并录入运检管理系统。

（4）运检管理系统信息录入管理要求：

1）各级运检部门应组织开展运检管理系统信息运行维护工作，线路基础数据信息由输电运维班进行维护，并对信息及时性、完整性和准确性负责。

2）输电运维班应在设备投运前，依照施工图完成新投运线路设备台账基础信息的录入工作。投运当天及时修改线路状态，7天内确保设备台账基础信息完善到位。

3）输电运维班应在施工单位移交竣工资料后7天内完成设备变更（异动）的台账基础信息维护。

六、人员培训

（1）线路运检人员应经过上岗培训，并经考试合格，特殊工种应持证上岗。

（2）培训内容应结合培训对象的业务能力和岗位要求进行，主要内容包括基础理论知识、法律法规、技术标准、管理规范、故障分析处理及专业技能等。

（3）线路运检作业人员应定期进行理论知识和技能培训，建立基本情况档案和培训考核记录。每年至少进行1次线路技术标准、管理规范（包括法规）考试，每人每月应至少完成1次技术问答。

第五节　特高压线路数字化台账

特高压线路由于设备类型及参数众多，从工程前期规划、可研初设、施工图交底、中间验收、竣工验收到投入运行等项目实施过程中，往往有大量的图纸、资料、电子文档及数码影像文件。日常运维检修中的资料及数码影像文件也在逐年倍增，建立数字化台账使项目建设和运维工作中形成的资料成果能更好的发挥作用，提高输电线路运维检修质量和效率。

一、数字化台账类型

数字化台账目前有三种类型，分别为图档管理方式类、竣工资料单机版类、智能管控平台文档类。

1. 图档管理方式类

考虑系统访问的直观性，系统采用B-S构架，便于后期功能扩展与数据补充，实现线路投运、开口、改造、运维、退役及人员等基础资料及信息的历史变动记录与追溯查询。实现输电规模变化展示，快速查询线路历史变更情况，追踪设备的全寿命等功能。同时实现线路运维、检修、验收等工作记录及作业人员信息快速查找，做到责任可追溯。页面详情如图 4-22 所示。

图 4-22　图档管理方式类

2. 竣工资料单机版类

竣工资料单机版管理系统，页面详情如图 4-23 所示。

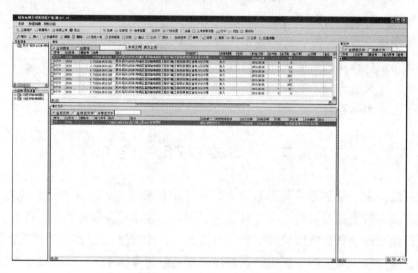

图 4-23　竣工资料单机版类

3. 智能管控平台文档类

结合 PMS2.0 生产管理系统输电线路基础信息台账，将竣工图纸、施工记录等竣工资料进行分类整理维护。基于竣工资料，展示输电线路的图档文件，具备快速、准确查阅等功能。页面详情如图 4-24 所示。

二、特高压输电线路数字化资料台账

为进一步加强特高压输电线路安全生产管理工作，完善输电线路精益化管理体系，促进输电线路数字化资料台账的标准化与规范化，提高输电线路停电检修流程的流转效率，有必要开展每条特高压输电线路的数字化资料台账工作。

图 4-24　平台文档类

（一）特高压输电线路数字化资料台账

特高压输电线路数字化资料台账包括基本参数、运维、检修（大修）、技改（迁改）、附属设施、生产准备、评价报告等七部分的台账、图纸与照片。

1. 基本参数

基本参数应包含线路基本情况、杆塔明细表（基建和运行）、杆号对照表、绝缘子台账、接续管明细表、特殊金具等。

2. 运维信息

运维信息包含线路历年缺陷、故障信息、隐患和危险点、保供电方案、巡视记录、重要交跨、人工护线等。

3. 检修（大修）

检修（大修）包含历年检修信息一览表、缺陷处理记录、历年检修总结、历年本体照片更新等，大修涉及图档纳入数字化图档工作。

4. 技改（迁改）

技改（迁改）包含历年改造信息一览表、改造具体情况（包含各阶段工作安排与实施），改造涉及图档纳入数字化图档工作。

5. 附属设施

附属设施包含线路投运后的航巡牌、在线监测装置、诊断装置、可视化装置、避雷器以及其他六防设施。

6. 生产准备

生产准备包含线路标识牌、线路分界点、线路验收及消缺等工作。

7. 评价报告

根据线路检修情况开展的年度线路检修质量评价。

（二）特高压输电线路数字化资料台账管理要求

（1）数字化资料台账是开展安全生产和管理标准化的重要基础工作，各类资料信息应保证准确、及时、全面，责任人员必须认真记录。

（2）数字化资料台账应长期保存，所有台账保管应规格化、科学化，要便于查找。

（3）班组对数字化资料台账，报表资料应妥善保管。人员变动应办理交接手续，防止资料丢失。

（4）各级人员对台账的管理和记录的准确性负有责任，台账由班组管理专责人每月检查一次。

（5）照片管理：

1）线路故障照片以能清楚反应故障部位为基础，在数量上可以适当多些，以便于能开展故障分析工作，一般以月为周期进行整理与检查。

2）每基杆塔在检修完毕后，都应有杆塔号、塔上三相金具绝缘子、大小号侧通道、缺陷处理等基本照片。同时，以每基杆塔为单位，对同一类型的绝缘子拍一张厂家铭牌照（玻璃绝缘子拍摄钢帽标志，复合绝缘子拍摄铭牌），如杆塔上有多种不同型号的绝缘子（如耐张串是玻璃/瓷质绝缘子，而跳线串是复合绝缘子的），则需拍多张铭牌照。一般以年为周期进行整理与检查。

（6）台账管理：

1）线路概况。根据线路资产全寿命周期要求进行履历维护，需准确描述线路每次变动情况，与杆塔明细表同时更新。一般以月为周期进行整理与检查。

2）绝缘子台账。根据线路检修进行更新维护，以此台账作为防污闪改造依据。一般以月为周期进行整理与检查。

3）直升机巡检小结。根据直升机巡检起降架次进行缺陷汇总，并及时反馈地市公司进行缺陷处理，一般以月为周期进行整理与检查。

4）检修记录。每条线路每基杆塔检修完毕都应有检修记录，检修内容必须结合下发的检修任务单填写相应的工作内容，不能空着或统一以"停电标修及缺陷处理"代替。在检修任务单的"完成情况"处要简要地填写一下当次工作的完成情况。为方便核对台账，检修任务单与检修记录均需扫描后放入电子资料。一般以年为周期进行整理与检查。

5）验收方案。有杆塔改造、导地线变动的线路改造都应有验收方案（地市公司的也可），验收方案需要对改造情况描述详细，必要时附图说明。一般以月为周期进行整理与检查。

6）检修小结。每条线路检修前应有施工方案和交底记录，检修结束应有消缺记录，检修结束一周内将检修总结反馈设备运维管理单位。一般以月为周期进行整理与检查。

7）附属设施。根据线路检修、技改大修进行更新维护，以此台账作为"六防"改造依据。一般以月为周期进行整理与检查。

（7）图档管理：

1）新改建线路根据竣工验收和资料移交相关要求，开展图档管理工作。一般以年为周期进行整理与检查。

2）竣工图档总体分五类：一是综合部分，包括施工图设计说明及附图、主要设备材料清册；二是电气部分，包括平断面定位图、杆塔明细表、绝缘子金具组装图、间隔棒及防振设施施工图、架线施工图、防雷及接地施工图、光缆施工图、跳线及附件施工图、拆房分幅图、通信保护施工图；三是土建结构部分，包括杆塔施工图、基础施工图；四是技经部分，包括拆房明细表；五是资料性文件。

第六节　特高压直流系统电磁环境

±800kV 和 ±1000kV 及以上等级特高压直流输电工程具有电压高、导线大、单条线路走廊宽等特点，其电磁环境（电场、离子流、磁场、可听噪声和无线电干扰）与 ±500kV 高压直流输电工程的有一定差别，由此带来的环境影响将受到各方关注，须采取措施加以限制，使其满足环境保护要求。

一、电磁环境问题

特高压直流输电线路运行时的电磁环境参数主要包括合成电场、离子电流密度、磁场可听噪声和无线电干扰。

合成电场和离子电流密度主要与线路电压、线路几何结构尺寸（包括导线分裂数、子导线半径、分裂间距、极导线高度、极导线间距）、大气条件、导线表面光滑状况和正负极导线电晕放电特性有关。合理选择线路几何结构尺寸是控制特高压直流输电线路合成电场和离子电流密度的主要途径。

可听噪声和无线电干扰主要源于正极性导线，与线路几何结构尺寸、天气状况和海拔高度有关。控制特高压直流输电线路的可听噪声主要应考虑不使输电线路下的人产生烦恼和不影响附近居民休息。在确定可听噪声的限值时，除考虑噪声的特点，参考国际上的限值外，还应满足国家环境噪声标准。在确定无线电干扰的限值时，应考虑对不同广播节目有满意的信噪比。合理选择导线分裂数和子导线截面是控制特高压直流输电线路可听噪声和无线电干扰的主要途径。

二、电磁环境参数及其控制值

（一）电场强度和离子流密度

1. 直流输电线路的空间电场和离子流密度分布

直流输电线路正常工作时，允许有一定程度的电晕放电。直流输电线路与交流输电线路电晕产生的离子分布存在很大差别。由于交流电压随时间作周期变化，交流输电线路发生电晕时，对应电压上半周期因电晕放电产生的离子，在下半周期因电压极性改变，又几乎全被拉回导线。因此，带电离子只在导线周围很小的区域内做往上返运动，在相导线之间和相导线与大地之间的广大空间不存在带电离子。由于直流电压极性固定，直流输电线路发生电晕时，在两极导线电晕产生的带电离子中，与导线极性相反的离子被拉向导线，而与导线极性相同的离子将背离导线，沿电力线方向继续运动。这样，在两极导线之间和极导线与大地之间的整个空间将充满带电离子。图 4-25 为双极直流输电线路电力线和带电离子分布示意图，图中所示的整个空间大致可分为三个区域，正极导线与地面之间的区域充满正离子，负极导线与地面之间的区域充满负离子，正负极导线之间正负离子同时存在。

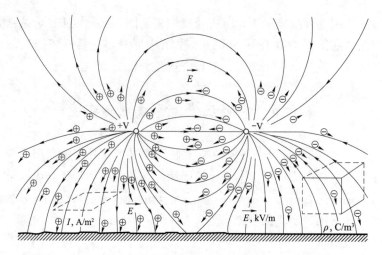

图 4-25　双极直流输电线路电力线和带电离子分布示意图

空间带电离子运动形成离子电流，或称为离子流。穿过单位面积的离子流称为离子流密度。由于空间充满带电离子，直流输电线路的电场由两部分电荷产生。直流输电线路导线上的电荷产生的电场称为标称电场或静电场。空间带电离子产生的电场称为离子流场。标称电场与离子流场叠加形成合成电场。

标称电场与线路结构和电压有关，在直流输电线路结构确定的情况下，标称电场大小取决于线路电压，而离子流场和合成电场大小还取决于电晕放电程度。

电晕放电具有随机性，直流输电线路的合成电场也随机变化，在测量合成电场时，通常采用统计方法进行处理。

合成电场和离子流密度的大小与导线表面电场强度及电晕起始场强有关。导线表面电场强度与导线结构，包括分裂数、子导线直径、极导线间距和导线对地高度等有关。电晕起始场强与导线表面状况和天气等因素有关。当直流输电线路的几何尺寸确定之后，若导线表面电场强度越高，电晕起始电场强度越小，则合成电场和离子电流密度越大。因此，降低导线表面电场强度和提高电晕起始电场强度均可以减小合成电场和离子流密度。

直流输电线路电晕放电电流频率和幅值存在极性差别，空气湿度对正负极导线电晕放电的影响也存在差别。昆虫栖息正或负极导线的不同，导致正负极导线表面状况不一样，对电晕放电产生不同影响。这些因素都会使直流输电线路正负极导线下的合成电场值出现明显差别。

2. 人在直流输电线路电场下的感受

人在直流输电线路下会受到离子电流和电场的作用，可能产生的效应有：人截获离子电流的感受、人在高压直流电场下的感受、人接触接地和绝缘物体后的感受。

人在直流输电线路下会截获离子流，被截获的离子流通过人体入地，流过人体的直流电流要比交流电流大 5 倍以上，而人在直流输电线路下截获的电流又比能感觉的临界值小 2 个数量级。因此，人在直流输电线路下截获离子流一般不会有感觉。

3. 特高压直流输电线路的电场和离子流密度控制值

许多国家对直流输电线路的电场和离子流密度提出了相应的限制。在我国，电力行业标准 DL/T 1088—2008《±800V 特高压直流线路电磁环境参数限值》和国家电网企业标准 Q/GDW 145—2006《±800kV 直流架空输电线路电磁环境控制值》中规定 ±800kV 直流输电线路的电场和离子流密度控制值仍保持与我国 ±500kV 直流输电线路的相同水平：输电线路下地面合成电场强度不超过 30kV/m，输电线路下地面离子电流密度不超过 100nA/m²；输电线路邻近民房时，民房所在地面的未畸变合成电场强度按湿导线条件计算不超过 15kV/m，以满足测量时民房所在地面的合成电场 80％值不超过 15kV/m 和最大值不超过 25kV/m 的要求。

（二）磁感应强度

直流输电线路的磁场主要与输电线路结构和电流有关。我国 ±800kV 和 ±1100kV 及以上等级直流输电工程的额定电流为 4000～4750A，输电线路下地面最大磁场小于 60uT，与我国内陆的地磁场基本相当。

电力行业标准《±800kV 特高压直流线路电磁环境参数限值》规定 ±800kV 直流架空输电线路下方的磁感应强度限值为 10mT。国际非电离辐射防护委员会（ICNIRP）的 2009 年导则中建议静磁场的公众暴露限值取 400mT。磁场限值对特高压直流输电线路的设计不会起制约作用。

国家环境保护总局认可了保持 1000kV 级特高压输电的环境影响与我国 500kV 的水平相当的环境控制原则。控制指标如下：工频电场临近居民住房按 500kV 原有环境控制指标不变，为 4kV/m，线路跨越公路处为 7kV/m，其他地区为 10kV/m；工频磁感应强度按 500kV 原有控制指标不变，为 0.1mT；距线路边相投影外 20m 处的无线电干扰水平暂按不超过 58dB（μV/m）。临近居民住房执行国家标准 GB 3096—2008。

（三）可听噪声

1. 直流输电线路可听噪声一般特性

直流输电线路可听噪声主要源于正极性导线，其横向衰减特性基本上关于正极性导线对称。因此，在评价直流输电线路的可听噪声时，参考点一般选在正极性导线之外。随距离增加，可听噪声比电场和无线电干扰衰减慢。

图 4-26 为直流输电线路电晕产生的可听噪声与环境噪声的频谱图。从图中看出，环境噪声在 10Hz 后明显衰减，而直流输电线路电晕产生的可听噪声在频率很高时才开始衰减。

雨天时导线的起晕场强比晴天时的低，导线周围的离子比晴天时的多。下雨初期，导线表面离子浓度不大时，电

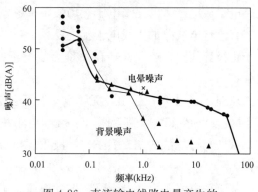

图 4-26　直流输电线路电晕产生的可听噪声与环境噪声的频谱图

晕放电比晴天时的稍强。下雨延续一段时间后，导线起晕场强进一步降低，导线表面离子增加，使得导线不规则的面都被较浓的电荷所包围，减小了电晕放电强度，使可听噪声较晴天反而有所减小。空中飘落物附在导线上会使局部表面电场强度增大，可听噪声增加。这些飘落物会随季节变化，夏季较多。根据以上特点，在确定直流输电线路可听噪声的限值时，重点应考虑夏季晴天情况。

对同一结构的线路，电晕产生的可听噪声将随海拔高度的增加而增加。世界上对直流输电线路可听噪声海拔修正研究还不成熟，目前暂按交流输电线路可听噪声海拔修正方法对直流输电线路可听噪声进行海拔修正，即海拔高度每增加 300m，可听噪声增加约 1dB（A）。

2. 特高压直流输电线路可听噪声控制值

控制直流输电线路噪声主要应考虑不使线下的人产生烦恼和不影响附近居民休息。输电线路可听噪声主观评价结果为：52.5dB（A）以下基本无投诉；52.5～59dB（A）有少量投诉；59dB（A）以上有大量投诉。由于直流输电线路在晴天产生持续的可听噪声，在一般地区应将其控制在基本无投诉的水平。研究表明，当噪声在 40dB（A）以下时，人可以保持正常睡眠；超过 50dB（A），约有 15%的人睡眠受到影响。因此，线路临近民房时应注意控制电晕噪声。

在国际上，直流输电线路的可听噪声限值一般取 40～45dB（A），如美国取 40～45dB（A）；日本取 40dB（A）；巴西取 40dB（A）。

在确定可听噪声的限值时，除考虑噪声的特点、参考国际上的限值外，还应满足国家环境噪声标准。根据以上结果，我国±800kV 和±1000kV 及以上等级直流输电线路电晕产生的可听噪声，原则上按国家一类区夜间标准［45dB（A）］执行。在高海拔地区，若仍执行一类夜间标准，投资太大。因此，在高海拔非居民区，电晕噪声限值可按二类夜间标准执行，临近民房仍按一类夜间标准控制。

（四）无线电干扰

1. 直流输电线路无线电干扰的一般特性

与交流线路类似，直流输电线路的无线电干扰场强在低频段较高。随着频率增大，干扰场强衰减很快。当频率大于 10MHz，干扰强度已很小，可忽略不计。通常，输电线路电晕放电产生的无线电干扰场强频率考虑到 30MHz 已足够。

直流输电线路的无线电干扰主要源于正极性导线。无线电干扰横向衰减特性基本上由于正极导线对称。因此，在评价无线电干扰时，参考点一般选在正极导线对地投影之外。

从图 4-26 中可以看出，无线电干扰场强随距离增加衰减很快，这与可听噪声有很大不同。CISPRI8 号出版物指出：无线电干扰的横向分布图应在高出地面 2m 的某处确定，该处与边导线投影的距离不得超过 200m，超过这一距离，无线电干扰可以忽略不计。

直流输电线路无线电干扰随湿度增加而减小，随温度增加而增加。雨天时直流输电线路的无线电干扰比晴天时的低，一般约低 3dB（μV/m）。无线电干扰会随季节变化，在晚秋和早冬较低，在夏季最高，在冬季和早秋接近平均值。可见，在确定无线电干扰限值时，主要考虑夏季晴天时的情况。

对同一结构的线路，无线电干扰将随海拔高度的增加而增加。世界上对直流输电线路无线电干扰海拔修正研究也不成熟，目前暂按交流输电线路无线电干扰海拔修正方法对直流输电线路的无线电干扰进行海拔修正，即海拔高度每增加 300m，无线电干扰增加约 1dB（μV/m）。

2. 特高压直流输电线路无线电干扰控制值

信噪比是衡量接收质量的重要参数。主观评价结果为：对直流输电线路，满意的信噪比为 20dB（μV/m）；对交流线路，则为 26dB（μV/m）。对不同广播节目，满意的信噪比有差异，平均而言，对同样收听效果，对应于直流输电线路的信噪比比对应于交流线路的至少可以低 3dB（μV/m）。

参考国内外限值，并考虑交直流输电线路无线电干扰的特点以及我国特高压直流输电线路经过高海拔地区的特殊性，在国家电网企业标准 Q/GDW 145—2006《±800kV直流架空输电线路电磁环境控制值》中规定：距直流架空输电线路正极性导线对地投影外 20m 处由电晕产生的 0.5MHz 无线电干扰场强 80% 值（即在 80% 时间，具有 80% 置信度不超过的值），一般地区不超过 58dB（μV/m），海拔高度 2000m 以上不超过 61dB（μV/m）。这些指标在国际上处于中等水平。

三、线路结构参数对电磁环境影响及环境控制措施

直流输电线路的合成电场、离子流密度、可听噪声和无线电干扰与导线表面电场强度密切相关。导线表面电场强度与导线表面电荷面密度成正比，为了控制特高压直流输电线路的表面电场强度，需要采用分裂数更多、子导线截面更大的导线。除导线结构外，极导线间距和极导线对地高度等因素对导线表面电场强度、合成电场、离子流密度、可听噪声和无线电干扰都有不同程度的影响。

（一）导线分裂数和子导线截面的影响

对于特高压直流输电线路，在子导线截面一定的条件下，增加导线分裂数是控制电磁环境的有效措施。增加子导线截面，能够在一定程度上减小导线表面电场强度、离子电流密度、合成电场、可听噪声和无线电干扰。在特高压直流输电线路设计中，增加子导线截面也可作为一种改善电磁环境的措施。

（二）分裂间距的影响

从控制电磁环境角度考虑，在特高压直流输电线路设计中，应针对不同的子导线，选择合适的分裂间距使导线表面电场强度达到最小。随着导线分裂间距变化，导线最大表面电场强度、地面最大离子电流密度、地面最大合成电场强度、可听噪声和无线电干扰电场强度都呈现 U 形变化，存在最小值。而地面最大标称电场强度随导线分裂间距增大而增大。

（三）极导线高度的影响

对于特高压直流输电线路，合理选择极导线结构及其对地高度，地面离子电流密度、合成电场强度将随极导线对地高度增加而减小，并且变化非常明显。改变极导线对地高度，可以作为减小地面电场和离子电流密度的重要措施。

（四）极导线间距的影响

直流输电线路的可听噪声和无线电干扰随海拔高度增加而增加，在低海拔满足可听噪声和无线电干扰控制值要求的线路，在高海拔地区是否仍满足要求需要校核。在导线分裂数一定的情况下，若在高海拔地区需要减小可听噪声和无线电干扰，从导线结构着手通常需要增加子导线截面。但也可以不改变导线结构，通过增加极导线间距，使可听噪声和无线电干扰减少量弥补增加子导线截面时的减少量。在导线确定后，这可作为改善电磁环境的措施配合使用，在不变换导线的情况下采用这些措施还是可取的。

第五章

特高压线路停电检修管理

第一节 检修项目前期管理

检修项目前期管理应加强项目的计划性和针对性，主要包括五年规划管理、年度需求计划管理、项目申报、项目可行性研究管理、年度综合计划编制、项目服务招标及合同签订、停电计划管理及物资采购等工作。

1. 五年规划管理

结合电网发展规划和生产实际，以五年为周期开展生产规划编制工作。在编制生产规划时，结合基建开口、市政迁改、状态评价结果、检修周期、反措落实、三跨整治等信息，综合考虑变电站和线路双方的检修需求，做到在规划编制前充分沟通，更加有利于线路的"一停多用"，客观上减少线路重复停电的次数，提高线路计划编制的合理性。生产规划采取年度滚动调整，以适应电网发展要求和提高规划可操作性。

2. 年度需求计划管理

根据年度滚动调整规划、检修（大修）项目重点和生产实际需求，编制下一年度的生产需求计划表，年度需求计划表下达后，编制项目可行性研究报告。

3. 项目申报

在设备状态评价的基础上，结合线路年度停电计划，线路检修周期、防污闪调爬、"三跨"整治等反事故措施及省公司重点工作要求，申报大修和检修运维项目。特高压交、直流输电线路原则上每年均应安排停电检修。

4. 项目可行性研究管理

项目可行性研究报告应根据相应模板由具有相应资质的单位编制，可研报告编制原则上应达到初步设计深度要求。限上项目及跨区电网项目可行性研究报告提交国网公司组织审查和批复。网省公司投资的限下项目可行性研究报告经网省公司经研院审查并出具评审意见后，提交网省公司批复。

5. 年度综合计划编制

检修（大修）项目综合计划下达后，原则安排当年完成，不得自行调整。当发生以下情形，取消相应项目：因电网运行、设备采购等原因造成项目难以按计划实施；因电网事故、救灾抢修等突发事件需要紧急实施设备技术改造；国家、地方、公司有关政策发生重大调整，需要实施或停止相关设备技改（大修）；其他导致计划编制条件发生重大变化等情况。

6. 项目服务招标及合同签订

项目服务招标包括设计、监理、施工招标。工程量招标需要注意审核工程量清单及控制价。合同签订需要注意留有弹性余地，避免工程量变更较大而无法结算。

7. 停电计划管理

检修（大修）项目期限为1年，必须提前一年申报下一年度停电计划。涉及线路检修（大修）项目必须检修单位现场勘察后申报，确保年度计划申报准确，避免现场因素影响停电工期或陪停线路漏报。

8. 物资采购

检修（大修）项目物资需结合线路停电时间，根据项目物资需求时间来安排采购。

第二节 项目实施与总结

为推进架空输电线路精益化管理，进一步贯彻"应修必修、修必修好"的检修原则，加强特高压输电线路停电检修管理工作，按照要求落实检修（大修）项目各工作流程，全面负责从检修准备、方案编制、安全技术交底、现场管理、验收和总结评价的全过程检修管控，从而加强线路检修的工作效率与质量，提高设备健康水平，提升架空输电线路安全水平。

一、检修准备

遵循"七分准备三分干"的原则，特高压停电检修需提前开展各项检修准备工作。根据下达的停电检修计划，按月度编制辖区内线路检修工作量清单，收集检修线路缺陷信息，开展缺陷分析及消缺方案制定，落实检修所需材料及备品备件、设计图纸等；同时，组织检修单位开展工程量交底、现场踏勘，审查检修单位检修力量承载力。

（一）梳理工作量清单

年度停电检修计划下达后，提前编制辖区内线路检修工作量清单，收集检修线路缺陷信息，同时结合历年检修档案、大修项目，梳理是否存在防污闪调爬、在线监测装置安装、避雷器安装等工作量。

（二）工作量交底

检修前，组织运维管理单位、检修单位、监理单位（设计单位）召开次月的月度停电检修协调会及安全、技术交底会。对检修工作任务进行明确，提前协调检修过程中可能出现的问题，落实检修作业的安全技术措施与设备安全措施等事宜。

（三）风险评价预控

检修前，按照下达的月度生产计划对较大、复杂的检修项目组织现场踏勘，根据每条线路实际情况开展检修专业风险辨识评估与控制，对作业项目进行风险分析，划定风险等级，编制发布《××××线停电检修作业风险评估及预控措施》，落实各级到岗到位要求。检修单位应全过程开展危险点分析，全面实施危险点辨识、危险源评价及危险点预控措施。

（四）方案编审批

检修前，应组织检修单位开展方案编审批。根据现场踏勘及消缺方案，落实检修管理工作方案，落实检修单位编制"三措一案"及检修作业指导书，并进行审查，确保检修工作计划的合理性，确保施工人员、材料配备满足停电检修需求，确保检修风险管控及检修质量可控。

二、检修现场管理

为了加强落实检修现场的全过程管理，设备管理单位必须实施检修现场监管。根据作业规模、危险等级、工艺要求对检修现场的安全、质量、技术、进度等方面采取分级监管模式。即全过程监管和关键环节监管，监管人员对作业现场各项安全、技术措施的落实情况开展全过程管控，做到与检修单位检修人员"同进同出"。检查检修单位投入检修的人力、主要设备的使用及运行状况，对检修进度进行动态管控，及时做好检修日报的整理上报，并对检修过程中的问题及时反馈与纠偏整改。

（一）输电检修安全管理

（1）检修开工前，监管人员驻点线路检修现场，再次对检修单位检修作业队伍全员开展安全、技术交底，明确工作内容，分析安全风险及需注意的事项，并与检修单位检修作业队伍工作负责人确认安全措施无误后，开展线路检修工作。

（2）检修过程中，监管人员落实现场安全稽查工作，检查人员资质、安全措施、施工过程、工器具、检修质量等落实情况，确保《输电线路作业风险评估及预控措施》执行到位。

（二）输电检修质量管理

（1）应建立质量保证体系，组建相应的质量控制和验收小组，实施检修质量跟踪，落实全过程质量管理。

（2）根据检修进展、检修内容及线路停电时间，编制差异化检修验收方案。

（3）各类检修工作应做好检修记录，实施痕迹化管理，并按照生产管理系统录入要求及时整理和归档。

（4）线路复役前，应组织开展差异化验收，可采取登杆验收、无人机核查、现场旁站、消缺照片核对、竣工资料检查等方式，并及时进行设备动态评价。

（三）输电检修进度管理

检修工期确定后，需组织检修单位合理安排资源和进度计划，制定保障进度的组织、技术措施。若检修过程中发生影响检修工期的重大问题时，应立即组织设备管理、设计、监理、检修等单位制定解决方案，确需延长检修工期时，按相关规定向上级单位提出延期申请。

（四）输电检修环境管理

作业现场应文明施工、布置整洁合理，各种标识清晰美观，工器具摆放整齐有序，作业人员着装统一整齐，做到"工完、料净、场地清"。应杜绝破坏环境的行为，消除各种污染，非动火作业区严禁烟火，始终保持作业现场的合理布置，营造一个清洁良好的工作环境。

三、检修总结及评价

特高压输电线路检修结束后，应及时编写检修总结报告，督促检修单位移交竣工资料，并开展输电线路状态评价及缺陷闭环。

（一）输电检修竣工资料管理

（1）检修完工次日完成检修总结报告的编制，总结检修工作中存在的问题和取得的经验。检修报告应具体详实，内容应包括：工作范围、工作内容、检修工期、缺陷处理情况（含检修中发现并消除的主要缺陷）、尚未消除的缺陷及未消除的原因、设备变更或改进情况、图纸修改、质量验收情况、反措完成情况、下次检修建议。

（2）检修工作完成后的五天内，应做好设备检修原始记录、作业现场执行卡、验收报告、会议记录以及技术图纸、文件等资料的归档，并在检修工作全面结束后及时将相关图纸、文件资料备份留存。

（3）检修工作完成后的七天内，检修单位应完成竣工资料编制，移交检修档案，包括检修工作任务完工单、缺陷处理前后对比照片等，并更新和完善设备台账和技术资料。

（二）输电线路状态评价

检修工作完成后，及时更新检修记录和缺陷闭环清单，组织专业技术人员对检修工作进行检修质量评价。依据《输电线路状态评价导则》《输电线路健康评价管理办法（试行）》等技术标准，依托输电线路数字化资料台账大数据支撑，通过对基础、杆塔、导地线、绝缘子串、金具、接地装置、附属设施、通道环境等八个线路单元缺陷的普遍性以及反措的规范性，确定设备状态和发展趋势，开展线路整体状态评价。线路状态评价分为：正常状态、注意状态、异常状态和严重状态。

四、检修项目管理工作流程

（一）特高压交直流输电线路停电检修项目管理工作流程

特高压交直流输电线路停电检修项目管理工作流程，如图5-1所示。

（二）特高压交直流输电线路停电检修项目管理工作流程说明

（1）特高压交直流输电线路停电检修由运维管理单位以外包形式委托检修单位实施。

（2）检修施工单位根据停电检修计划向运维管理单位基层输电专业机构提交停电申请报告。

（3）基层输电专业机构依据停电申请报告填报停役申请。

（4）运维管理单位组织检修单位进行现场勘察。

（5）运维管理单位基层输电专业机构收到调度批复后，通知检修单位。

（6）检修单位检修工作票经签发后提交基层输电专业机构双签发。

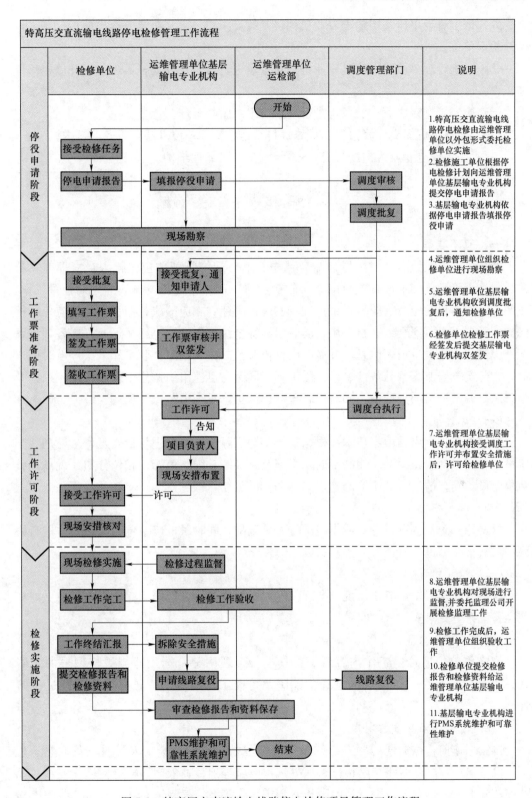

图 5-1 特高压交直流输电线路停电检修项目管理工作流程

（7）运维管理单位基层输电专业机构接受调度工作许可并布置安全措施后，工作许可给检修单位。

（8）运维管理单位基层输电专业机构对现场进行监督；并委托监理公司开展检修监理工作。

（9）检修工作完成后，设备运维管理单位组织验收工作。

（10）检修单位提交检修报告和检修资料给运维管理单位基层输电专业机构。

（11）基层输电专业机构进行 PMS 系统维护和可靠性维护。

第三节　特高压线路应急抢修

一、前期准备

特高压输电线路的在发生紧急故障或事故后，运维管理单位安排人员立即前往特巡，向上级管理部门汇报有关故障或事故初步情况，并相应开展事故的先期处置工作。按照上级指示启动应急响应后，根据现场实际情况建立相应的应急指挥机构。应急指挥机构应设技术组、安全组、材料组、验收组、综合组等各专业小组，迅速开展各项准备工作。包括收集设备损坏信息，开展缺陷分析及消缺方案制定，联系和上报停电时间申请，并落实抢修所需备品备件、设计图纸等。同时，迅速组织抢修单位开展现场踏勘及抢修队伍调配、工器具准备，同时审查抢修单位抢修承载力。

（一）工作量梳理

应急抢修工作启动后，技术组根据现场踏勘实际情况及时进行抢修工作量梳理。工作量清单应包括线路概况、线路走向示意图及路径图、线路色标、相位分布、现场勘查结果、设备损坏情况、具体抢修工作内容和所需工期。

（二）人员安排

根据抢修工作特点对各专业小组进行人员调配，同时对抢修单位的人员安排进行协调并对其承载力进行审查。

（三）抢修物资

材料组根据工作量清单及现场实际情况立即梳理抢修物资的库存情况，提前做好相关准备工作，并落实供货时间及地点。

（四）工器具准备

抢修单位根据抢修工作内容对工器具进行合理调配，选用适当规格型号的工器具并进行合理组合。工器具的选择应能满足抢修工作的需求，且必须全部经过检验合格。

（五）风险评估及方案制定

抢修工作前，根据现场勘查结果及实际情况按照电压等级、人员对设备的熟悉程度、设备损坏情况、线路交跨情况、所处气象区域等项目，依据《输电检修作业项目风险评估标准》对作业项目进行风险分析，划定风险等级，编制发布《××××线停电检修作业风险评估及预控措施》。根据风险评估结果制定抢修管理工作方案，经方案评审通过后实施，抢修单位根据抢修管理工作方案制定抢修作业指导书，经评审通过后开展具体抢修工作。

二、抢修现场管理

应急抢修工作应由专业化抢修队伍开展实施。为了加强抢修工作现场的全过程管控，各专业组对抢修作业现场进行全面监管。根据抢修规模、危险等级、工艺要求对抢修现场的安全、进度、质量、技术等方面采取分级监管模式，即全过程监管和关键环节监管，对抢修工作进度进行动态管理，及时做好抢修日报的整理上报，并对抢修过程中的问题及时反馈与纠偏整改。

（一）安全管理

（1）抢修工作开始前，对抢修单位开展安全、技术交底，明确工作内容，分析安全风险及需注意的安全事项。

（2）抢修单位工作负责人确认安全措施全部无误后，方可开展抢修工作。

（3）抢修工作过程中，确保《输电线路作业风险评估及预控措施》执行到位。

（二）质量管理

（1）抢修工作过程中，对抢修质量进行现场把控，落实全过程质量管控。

（2）线路复役前，应组织验收，并及时进行设备动态评价。

（三）进度管理

（1）抢修工期确定后，组织抢修单位合理安排资源和进度计划。

（2）在抢修过程中发生影响抢修工期的重大问题时，应立即组织各专业组制定解决方案，确需延长抢修工期时，按相关规定向上级单位提出延期申请。

（四）文明施工管理

作业现场应文明施工、布置整洁合理，各种标识清晰美观，工器具摆放整齐有序，作业人员着装统一整齐，做到"工完、料净、场地清"。应杜绝破坏环境的行为，消除各种污染，非动火作业区严禁烟火，始终保持作业现场的合理布置，营造一个清洁良好的工作环境。

（五）保障管理

综合组负责抢修工作的综合和后勤保障工作，汇总各参建单位联系人信息，协调和联系后勤保障措施，并对抢修工作进度（日报或简报等）信息及时收集并发布。

三、工作总结

抢修工作结束后，应及时编写抢修工作总结，督促抢修单位移交竣工资料，并开展输电线路状态评价及缺陷闭环。

四、抢修管理工作流程

（一）特高压输电线路应急抢修管理工作流程（应急响应阶段）

特高压输电线路应急抢修管理工作流程（应急响应阶段），如图5-2所示。

（1）大型事故发生后，设备运维管理单位向上级管理部门汇报事故情况，申请开展抢修工作同时做好相关准备。

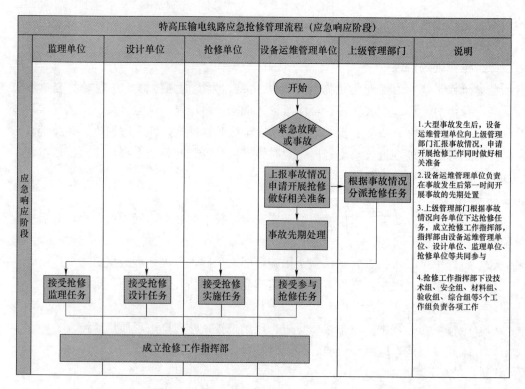

图 5-2　特高压输电线路应急抢修管理流程（应急响应阶段）流程图

（2）设备运维管理单位负责在事故发生后第一时间开展事故的先期处置。

（3）上级管理部门根据事故情况向各单位下达抢修任务，成立抢修工作指挥部，指挥部由设备运维管理单位、设计单位、监理单位、抢修单位等共同参与。

（4）抢修工作指挥部下设技术组、安全组、材料组、验收组、综合组等 5 个工作组，负责各项工作。

（二）特高压输电线路应急抢修管理工作流程（抢修实施阶段）

特高压输电线路应急抢修管理工作流程（抢修实施阶段），如图 5-3 所示。

（1）安全组组织抢修单位进行现场勘查，技术组根据现场勘查结果梳理工程量，材料组根据工程量梳理备品备件情况，落实材料的供应情况。

（2）安全组对抢修工作进行风险评估，技术组制定抢修方案。并在工作开始前对抢修单位完成安全技术交底。

（3）抢修开始后各专业组根据分工不同开展工作，验收组根据工作进度组织验收。

（三）特高压输电线路应急抢修管理工作流程（工作终结阶段）

特高压输电线路应急抢修管理工作流程（工作终结阶段），如图 5-4 所示。

（1）抢修验收完成，无遗留缺陷，抢修现场无遗留物，向设备运维管理单位汇报工作终结，并办理工作终结手续。

（2）工作完成后抢修单位、设计单位、监理单位及时向设备运维管理单位提交竣工资料办理费用结算，完成固定资产登记手续后，抢修工作全部结束。

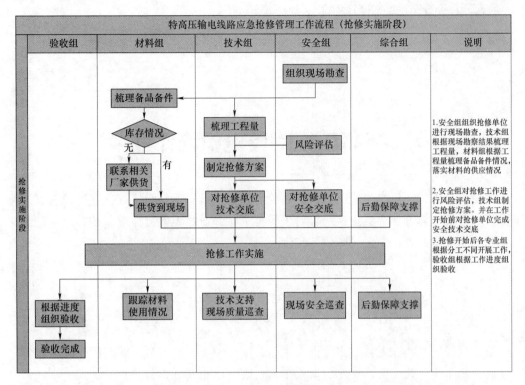

图 5-3　特高压输电线路应急抢修管理工作流程（抢修实施阶段）流程图

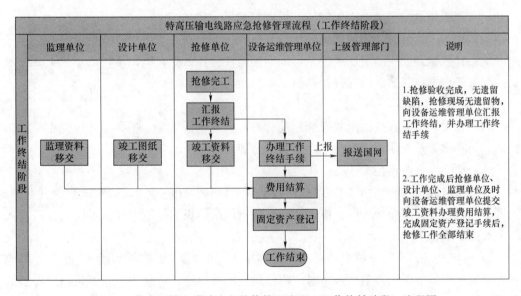

图 5-4　特高压输电线路应急抢修管理流程（工作终结阶段）流程图

第六章

特高压线路停电检修作业

本章内容以特高压交流线路为例，对检修过程中常见的导线检查、登塔检查、绝缘子更换、导地线修补、金具更换等检修项目标准化作业流程进行介绍。特高压直流线路基本相同（安全距离、工器具吨位按实际）。

第一节 导 线 检 查

（一）作业人员配备

（1）直线塔：共7人，工作负责人1名，塔上作业人员4名，地面作业人员2名。

（2）耐张塔：共4人，工作负责人1名，塔上作业人员3名。

（二）主要工器具配备

（1）安全用具分别为个人保安线、攀登自锁器、软梯。

（2）承力工器具分别为传递绳、传递滑车。

工器具机械强度应满足安规要求，周期预防性检查试验合格，不得以小代大，工器具的配备应根据线路实际情况进行调整。

（三）工作前准备

（1）相关资料。查找待走线段的相关资料，内容包括塔型、呼高、导地线型号、防振锤、间隔棒数量与间距、绝缘子串金具型号等。

（2）危险点分析预控。

1）误登杆塔：登塔前必须仔细核对线路双重命名、杆塔号，确认无误后方可上塔。同塔双回线路登杆至横担处时，应再次核对停电线路的识别标记，确认无误后方可进入停电线路侧横担。

2）触电伤害：未仔细核对线路双重命名或未经验电，或未挂接地线进行作业可能发生触电；同塔多回线路单回停电时，应使用绝缘传递绳、防潮垫、静电防护服等防静电感应措施，作业人员活动范围及其所携带使用的工具、材料等，与带电导线最小安全距离不得小于9.5m；邻近带电线路应使用绝缘绳索传递物品，作业人员应将金属物品接地后再接触，以防电击。

3）高空坠落：攀登杆塔时没有正确使用攀登自锁防坠装置；攀登杆塔时由于脚钉松动或没有抓稳踏牢；安全带没有系在牢固构件上或系安全带后扣环没有扣好；杆塔上作业转位时失去安全带保护等情况可能导致发生高空坠落；上、下杆塔及塔上转位过程中，手上不得带工具物品等。

4）高空落物：现场人员应正确佩戴安全帽；应避免高空落物，严禁将物品浮搁在塔上；使用工具、材料等应用绳索传递，严禁抛扔，并应检查传递滑轮及绑扎等连接部位的受力情况；地面人员不得在作业点正下方逗留。

5）其他：根据现场实际情况，补充必要的危险点分析和预控内容。

（四）三交三查

（1）工作前，工作负责人检查工作票所列安全措施是否正确完备和工作许可人所做的安全措施是否符合现场实际条件，必要时予以补充。工作负责人应召集工作班成员进行"三交三查"，包括交代工作任务、安全措施和技术措施，进行危险点告知；检查人员衣着、精神状况和"安全三宝"。

（2）全体工作班成员明确工作任务、安全措施、技术措施和危险点后在工作票上签字。

（五）人员分工

（1）工作负责人1名，负责工作组织、监护。

（2）塔上作业人员3名，负责挂设个人保安线和走线检查。

（3）塔上配合人员1名，负责塔上配合。

（4）地面作业人员2名，负责配合传递工器具。

（六）安全措施及注意事项

（1）严格执行工作票制度，以及停电、验电、挂接地线的安全技术措施，做好防静电感应措施。

（2）同塔架设多回线路进行作业时，杆上作业人员应穿全套静电感应防护服，严禁进入带电侧横担，严禁在带电侧横担上放置任何物件，作业人员活动范围及其所携带或使用的工具、材料等，与带电体最小距离不得小于9.5m，传递物品时应使用绝缘无极绳索，风力应不大于5级。

（3）攀登杆塔时，注意检查脚钉是否齐全牢固可靠，下导线时应使用长、短两根安全腰绳或使用速差自控器，应防止安全带被锋利物割伤。系好安全带后必须检查扣环是否扣牢。杆塔上转移作业位置时，不得失去安全带保护。

（4）杆塔上作业人员要防止落物，所使用的工器具、材料等应装在工具袋里，并用绳索传递，不得抛扔，绳扣要绑扎牢固，人员不得在作业点下方逗留或经过。

（5）现场人员必须戴好安全帽，检查现场的安全工器具、劳动保护是否符合规程要求，软梯挂上铁塔后，对于软梯悬挂情况进行认真检查核对。

（6）走线时，两脚应踩在同一根子导线上，三相导线上的作业人员应相互呼应，行进速度基本保持一致，过间隔棒、绝缘子串时不得脱离安全带保护。

（7）若绝缘子串为复合绝缘子，则上下导线需使用软梯，严禁踩踏复合绝缘子。

（8）遵守《国家电网公司电力安全工作规程》（线路部分）中其他相关规定。

（七）作业内容和工艺标准

（1）工作许可：①向调度值班员或工区值班员办理停电许可手续；②工作负责人将

许可停电的时间、许可人记录在工作票，并签名。

（2）核对现场：①由登塔人员核对线路双重命名、杆塔号，工作负责人（监护人）确认；②由工作负责人（监护人）核对现场情况；③工作负责人在开工前召集工作人员召开现场班前会，再次交待和确认工作任务、安全措施，检查工器具是否完备和人员精神状况是否良好。

（3）登塔：登塔前正确佩戴个人安全用具，杆塔有防坠装置的，应使用防坠装置，登塔过程中，双手不得携带物品。杆塔上人员，必须正确使用安全带（绳），在杆塔上作业转位时，不得失去安全带（绳）保护。

（4）验电接地：①验电应使用相应电压等级、合格的接触式验电器；②验电时人体应与被验电设备保持9.5m（1000kV）以上的安全距离，并设专人监护，使用伸缩式验电器时应保证绝缘的有效长度；③线路经验明确无电压后，应立即在每相装设接地线，挂接地线应在监护下进行；④接地线应用有透明护套的多股软铜线组成，其截面不得小于25mm²，接地线应使用专用的线夹固定在导线上，严禁用缠绕的方法进行接地或短路；⑤装设接地线应先接接地端，后接导线端，接地线应接触良好，连接可靠，装接地线均应使用绝缘棒或专用的绝缘绳，人体不得碰触接地线或未接地的导线；⑥个人保安线应在杆塔上接触或接近导线的作业开始前挂接，作业结束脱离导线后拆除。装设时，应先接接地端，后接导线端，且接触良好，连接可靠。拆除个人保安线的顺序与此相反。个人保安线由作业人员负责自行装、拆；⑦个人保安线应使用有透明护套的多股软铜线，截面积不准小于16mm²，且应带有绝缘手柄或绝缘部件。禁止用个人保安线代替接地线。

（5）导线检查：①安全带保险绳要系在杆塔横担上；②转移位置时，不得失去安全带的保护；③在工作中杆上及地面人员密切配合，使用的工具、材料必须用绳索传递，不得抛扔；④杆上人员必须检查各类销子是否齐全、完好；⑤全体人员必须密切注视各受力的变化情况，在葫芦缓缓受力期间杆上人员必须密切注意葫芦及各连接部位的受力变化。如有异常立即停止工作，待消除异常才能恢复工作。

（6）拆除接地线：①接地线、工具、更换下的绝缘子齐全并与作业前数量相符；②拆除接地线应先拆导线端，后拆接地端，拆装接地线均应使用绝缘棒或专用的绝缘绳，人体不得碰触接地线或未接地的导线；③接地线拆除后，应即认为线路带电，不准任何人再进行工作。

（7）下塔：①确认杆塔上无遗留物；②下塔时，必须戴安全帽，杆塔有防坠装置的，应使用防坠装置，下塔过程中，双手不得携带物品；③监护人专责监护。

（8）工作终结：确认工器具均已收齐，工作现场做到"工完、料净、场地清"。

（9）自检记录：①更换的零部件；②发现的问题及处理情况；③验收结论。

第二节　登塔检查

（一）作业人员配备

共3人，工作负责人1名，塔上作业人员2名。

（二）主要工器具配备

（1）安全用具分别为个人保安线、攀登自锁器。

（2）工器具机械强度应满足安规要求，周期预防性检查试验合格，不得以小代大，工器具的配备应根据线路实际情况进行调整。

（三）工作前准备

（1）相关资料。查找待检查杆塔的相关资料，内容包括塔型、呼高、基础型式、接地装置、塔上已安装附属设施等。

（2）危险点分析预控。

1）误登杆塔：登塔前必须仔细核对线路双重命名、杆塔号，确认无误后方可上塔。同塔双回线路登杆至横担处时，应再次核对停电线路的识别标记，确认无误后方可进入停电线路侧横担。

2）触电伤害：未仔细核对线路双重命名或未经验电，或未挂接地线进行作业可能发生触电；同塔多回线路单回停电时，应使用绝缘传递绳、防潮垫、静电防护服等防静电感应措施，作业人员活动范围及其所携带使用的工具、材料等，与带电导线最小安全距离不得小于 9.5m；邻近带电线路应使用绝缘绳索传递物品，作业人员应将金属物品接地后再接触，以防电击。

3）高空坠落：攀登杆塔时没有正确使用攀登自锁防坠装置；攀登杆塔时由于脚钉松动或没有抓稳踏牢；安全带没有系在牢固构件上或系安全带后扣环没有扣好；杆塔上作业转位时失去安全带保护等情况可能导致发生高空坠落；上、下杆塔及塔上转位过程中，手上不得带工具物品等。

4）高空落物：现场人员应正确佩戴安全帽；应避免高空落物，严禁将物品浮搁在塔上；使用工具、材料等应用绳索传递，严禁抛扔，并应检查传递滑轮及绑扎等连接部位的受力情况；地面人员不得在作业点正下方逗留。

5）其他：根据现场实际情况，补充必要的危险点分析和预控内容。

（四）三交三查

（1）工作前，工作负责人检查工作票所列安全措施是否正确完备和工作许可人所做的安全措施是否符合现场实际条件，必要时予以补充；工作负责人应召集工作班成员进行"三交三查"，包括交代工作任务、安全措施和技术措施，进行危险点告知；检查人员衣着、精神状况和"安全三宝"。

（2）全体工作班成员明确工作任务、安全措施、技术措施和危险点后在工作票上签字。

（五）人员分工

（1）工作负责人1名，负责工作组织、监护。

（2）塔上作业人员2名，负责挂设个人保安线和登塔检查。

（六）安全措施及注意事项

（1）严格执行工作票制度，以及停电、验电、挂接地线的安全技术措施，做好防静电感应措施。

（2）同塔架设多回线路进行作业时，杆上作业人员应穿全套静电感应防护服，严禁进入带电侧横担，严禁在带电侧横担上放置任何物件，作业人员活动范围及其所携带或使用的工具、材料等，与带电体最小距离不得小于 9.5m，传递物品时应使用绝缘无极绳索，风力应不大于 5 级。

（3）攀登杆塔时，注意检查脚钉是否齐全牢固可靠，下导线时应使用长、短两根安全腰绳或使用速差自控器，应防止安全带被锋利物割伤。系好安全带后必须检查扣环是否扣牢。杆塔上转移作业位置时，不得失去安全带保护。

（4）杆塔上作业人员要防止落物，所使用的工器具、材料等应装在工具袋里，并用绳索传递，不得抛扔，绳扣要绑扎牢固，人员不得在作业点下方逗留或经过。

（5）现场人员必须戴好安全帽，检查现场的安全工器具、劳动保护是否符合规程要求，软梯挂上铁塔后，对于软梯悬挂情况进行认真检查核对。

（6）走线时，两脚应踩在同一根子导线上，三相导线上的作业人员应相互呼应，行进速度基本保持一致，过间隔棒、绝缘子串时不得脱离安全带保护。

（7）若绝缘子串为复合绝缘子，则上下导线需使用软梯，严禁踩踏复合绝缘子。

（8）遵守《国家电网公司电力安全工作规程》（线路部分）中其他相关规定。

（七）作业内容和工艺标准

（1）工作许可：①向调度值班员或工区值班员办理停电许可手续；②工作负责人将许可停电的时间、许可人记录在工作票，并签名。

（2）核对现场：①由登塔人员核对线路双重命名、杆塔号，工作负责人（监护人）确认；②由工作负责人（监护人）核对现场情况；③工作负责人在开工前召集工作人员召开现场班前会，再次交待工作任务、安全措施，检查工器具是否完备和人员精神状况是否良好。

（3）登塔：登塔前正确佩戴个人安全用具，杆塔有防坠装置的，应使用防坠装置，登塔过程中，双手不得携带物品。杆塔上人员，必须正确使用安全带（绳），在杆塔上作业转位时，不可以失去安全带（绳）保护。

（4）验电接地：①验电应使用相应电压等级、合格的接触式验电器；②验电时人体应与被验电设备保持 9.5m（1000kV）以上的安全距离，并设专人监护，使用伸缩式验电器时应保证绝缘的有效长度；③线路经验明确无电压后，应立即在每相装设接地线，挂接地线应在监护下进行；④接地线应用有透明护套的多股软铜线组成，其截面不得小于 $25mm^2$，接地线应使用专用的线夹固定在导线上，严禁用缠绕的方法进行接地或短路；⑤装设接地线应先接接地端，后接导线端，接地线应接触良好，连接可靠，装接地线均应使用绝缘棒或专用的绝缘绳，人体不得碰触接地线或未接地的导线；⑥个人保安线应在杆塔上接触或接近导线的作业开始前挂接，作业结束脱离导线后拆除。装设时，应先接接地端，后接导线端，且接触良好，连接可靠。拆除个人保安线的顺序与此相反。个人保安线由作业人员负责自行装、拆；⑦个人保安线应使用有透明护套的多股软铜线，截面积不准小于 $16mm^2$，且应带有绝缘手柄或绝缘部件。禁止用个人保安线代替接地线。

（5）登塔检查：①杆塔底部有否被浸入水中或被围入建筑物中；②塔身有否倾斜，横担有否扭转变形，塔材有否锈蚀、变形、弯曲、被盗等；③螺栓、脚钉有否松动、缺失、锈蚀、变形；④塔身上有否异物及其他悬挂低压线及弱电线等；⑤对塔上附属设施，如在线监测装置布线情况；标志牌等也应进行检查，其安装必须牢固、可靠、齐全、正确。

（6）拆除接地线：①接地线、工具、更换下的绝缘子齐全并与作业前数量相符；②拆除接地线应先拆导线端，后拆接地端，拆装接地线均应使用绝缘棒或专用的绝缘绳，人体不得碰触接地线或未接地的导线；③接地线拆除后，应即认为线路带电，不准任何人再进行工作。

（7）下塔：①确认杆塔上无遗留物；②下塔时，必须戴安全帽，杆塔有防坠装置的，应使用防坠装置，下塔过程中，双手不得携带物品；③监护人专责监护。

（8）工作终结：确认工器具均已收齐，工作现场做到"工完、料净、场地清"。

（9）自检记录：①更换的零部件；②发现的问题及处理情况；③验收结论。

第三节　绝缘子更换

一、更换直线复合绝缘子（含Ⅴ串、Ⅱ串）

（一）作业人员配备

共11人：工作负责人1名，塔上作业人员3名，地面作业人员6名，塔上监护人1名。

（二）主要工器具配备

（1）安全用具分别为个人保安线、攀登自锁器、软梯。

（2）承力工器具分别为链条葫芦、传递绳、传递滑车、卸扣、钢丝绳套、后备保护绳（迪尼玛）、二线/四线提升器、专用扳手。

工器具机械强度应满足安规要求，周期预防性检查试验合格，不得以小代大，工器具的配备应根据线路实际情况进行调整。

（三）工作前准备

（1）相关资料。查找线路交跨情况和待更换绝缘子相关资料，内容包括所在杆塔塔型、呼高、导线型号、垂直档距、绝缘子型号串数及产地等。

（2）危险点分析预控。

1）误登杆塔：登塔前必须仔细核对线路双重命名、杆塔号，确认无误后方可上塔。同塔双回线路登杆至横担处时，应再次核对停电线路的识别标记，确认无误后方可进入停电线路侧横担。

2）触电伤害：未仔细核对线路双重命名或未经验电，或未挂接地线进行作业可能发生触电；同塔多回线路单回停电时，应使用绝缘传递绳、防潮垫、静电防护服等防静电感应措施，作业人员活动范围及其所携带使用的工具、材料等，与带电导线最小安全距离不得小于9.5米；邻近带电线路应使用绝缘绳索传递物品，作业人员应将金属物品接地后再接触，以防电击。

3）高空坠落：攀登杆塔时没有正确使用攀登自锁防坠装置；攀登杆塔时由于脚钉松动或没有抓稳踏牢；安全带没有系在牢固构件上或系安全带后扣环没有扣好；杆塔上作业转位时失去安全带保护等情况可能导致发生高空坠落；上、下杆塔及塔上转位过程中，手上不得带工具物品等。

4）高空落物：现场人员应正确佩戴安全帽；应避免高空落物，严禁将物品浮搁在塔上；使用工具、材料等应用绳索传递，严禁抛扔，并应检查传递滑轮及绑扎等连接部位的受力情况；地面人员不得在作业点正下方逗留。

5）导线脱落：提升导线前，应做好防止导线脱落的后备保护措施。

6）其他：根据现场实际情况，补充必要的危险点分析和预控内容。

（四）三交三查

（1）工作前，工作负责人检查工作票所列安全措施是否正确完备和工作许可人所做的安全措施是否符合现场实际条件，必要时予以补充；工作负责人应召集工作班成员进行"三交三查"，包括交代工作任务、安全措施和技术措施，进行危险点告知；检查人员衣着、精神状况和"安全三宝"。

（2）全体工作班成员明确工作任务、安全措施、技术措施和危险点后在工作票上签字。

（五）人员分工

（1）工作负责人1名，负责工作组织、监护。

（2）塔上作业人员3名，负责挂设个人保安线和更换复合绝缘子。

（3）地面作业人员6名，负责配合传递工器具。

（4）塔上监护人1名，负责塔上专人监护。

（六）安全措施及注意事项

（1）严格执行工作票制度，以及停电、验电、挂接地线的安全技术措施，做好防静电感应措施。

（2）主要承力工具应根据垂直荷载核验，严禁以小代大。

（3）同塔架设多回线路进行作业时，杆上作业人员应穿全套静电感应防护服，严禁进入带电侧横担，严禁在带电侧横担上放置任何物件，作业人员活动范围及其所携带或使用的工具、材料等，与带电体最小距离不得小于9.5m，传递物品时应使用绝缘无极绳索，风力应不大于5级，并有专人监护。

（4）攀登杆塔时，注意检查脚钉是否齐全牢固可靠，在杆塔上作业时，必须系好安全带；下导线作业时安全带应系在杆塔横担上或使用速差自控器，应防止安全带被锋利物割伤。系好安全带后必须检查扣环是否扣牢。杆塔上转移作业位置时，不可以失去安全带保护。

（5）杆塔上作业人员要防止落物，所使用的工器具、材料等应装在工具袋里，并用绳索传递，不得抛扔，绳扣要绑扎牢固，人员不得在作业点下方逗留或经过，现场作业区域必须设置围栏。

（6）现场人员必须戴好安全帽，杆上作业人员必须使用个人保安线。

（7）检查现场的安全工器具、劳动保护是否符合规程要求，钢丝套与杆塔、金具连接部位应用麻袋等软物衬垫，软梯挂上铁塔后，对于软梯悬挂情况进行认真检查核对。

（8）提升导线前必须做好防止导线脱落的保护措施。

（9）遵守《国家电网公司电力安全工作规程》（线路部分）中其他相关规定。

（七）作业内容和工艺标准

（1）工作许可：①向调度值班员或工区值班员办理停电许可手续；②工作负责人将许可停电的时间、许可人记录在工作票，并签名。

（2）核对现场：①由登塔人员核对线路双重命名、杆塔号，工作负责人（监护人）确认；②由工作负责人（监护人）核对现场情况；③工作负责人在开工前召集工作人员召开现场班前会，再次交待工作任务、安全措施，检查工器具是否完备和人员精神状况是否良好。

（3）登塔：①登塔前正确佩戴个人安全用具，杆塔有防坠装置的，应使用防坠装置，登塔过程中，双手不得携带物品；②杆塔上人员，必须正确使用安全带（绳），在杆塔上作业转位时，不得失去安全带（绳）保护。

（4）验电接地：①验电应使用相应电压等级、合格的接触式验电器；②验电时人体应与被验电设备保持 9.5m（1000kV）以上的安全距离，并设专人监护，使用伸缩式验电器时应保证绝缘的有效长度；③线路经验明确无电压后，应立即在每相装设接地线，挂接地线应在监护下进行；④接地线应用有透明护套的多股软铜线组成，其截面不得小于 25mm²，接地线应使用专用的线夹固定在导线上，严禁用缠绕的方法进行接地或短路；⑤装设接地线应先接接地端，后接导线端，接地线应接触良好，连接可靠，装接地线均应使用绝缘棒或专用的绝缘绳，人体不得碰触接地线或未接地的导线；⑥个人保安线应在杆塔上接触或接近导线的作业开始前挂接，作业结束脱离导线后拆除。装设时，应先接接地端，后接导线端，且接触良好，连接可靠。拆除个人保安线的顺序与此相反。个人保安线由作业人员负责自行装、拆；⑦个人保安线应使用有透明护套的多股软铜线，截面积不准小于 16mm²，且应带有绝缘手柄或绝缘部件。禁止用个人保安线代替接地线。

（5）工器具传递安装：①传递工器具绳扣应正确可靠，塔上人员应防止高空落物；②杆塔上、下作业人员应密切配合；③起吊工具应分别设置在横担两侧（横担受力需均衡），葫芦应保持在垂直状态。

（6）更换绝缘子及拆除工器具：①安全带保险绳要系在杆塔横担上；②转移位置时，不得失去安全带的保护；③在工作中杆上及地面人员密切配合，使用的工具、材料必须用绳索传递，不得抛扔；④杆上人员必须检查各类销子是否齐全、完好；⑤双串必须分开起吊绝缘子，逐根安装；⑥全体人员必须密切注视各受力的变化情况，在葫芦缓缓受力期间杆上人员必须密切注意葫芦及各连接部位的受力变化。如有异常立即停止工作，待消除异常才能恢复工作。

（7）拆除接地线：①接地线、工具、更换下的绝缘子齐全并与作业前数量相符；②拆除接地线应先拆导线端，后拆接地端，拆装接地线均应使用绝缘棒或专用的绝缘绳,人体不得碰触接地线或未接地的导线;③接地线拆除后,应即认为线路带电,不准任何人再进行工作。

(8)下塔:①确认杆塔上无遗留物;②下塔时,必须戴安全帽,杆塔有防坠装置的,应使用防坠装置,下塔过程中,双手不得携带物品;③监护人专责监护。

(9)工作终结:确认工器具均已收齐,工作现场做到"工完、料净、场地清"。

(10)自检记录:①更换的零部件;②发现的问题及处理情况;③验收结论。

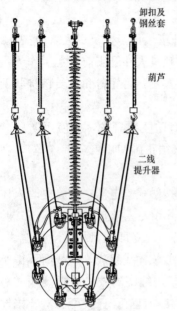

卸扣及钢丝套

葫芦

二线提升器

图 6-1　停电更换直线复合
绝缘子作业布置示意图

(八)作业布置示意图

停电更换直线复合绝缘子作业布置示意图,如图 6-1 所示。

二、更换耐张单片绝缘子

以下作业流程适用于耐张串中间任意单片绝缘子更换,若更换铁塔端或导线端部第一片绝缘子需使用专用端部卡具进行更换。

(一)作业人员配备

共 11 人:工作负责人 1 名,塔上作业人员 4 名,地面作业人员 5 名,塔上监护人 1 名。

(二)主要工器具配备

(1)安全用具分别为个人保安线、攀登自锁器。

(2)承力工器具分别为链条葫芦、传递绳、传递滑车、卸扣、钢丝绳套、牵引线(包胶线)、闭式卡具、导线卡线器。

工器具机械强度应满足安规要求,周期预防性检查试验合格,不得以小代大,工器具的配备应根据线路实际情况进行调整。

(三)工作前准备

(1)相关资料。查找图纸资料,明确杆塔塔型、高度,导线型号、张力,绝缘子型号参数及产地等。

(2)危险点分析预控。

1)误登杆塔:登塔前必须仔细核对线路双重命名、杆塔号,确认无误后方可上塔。同塔双回线路登杆至横担处时,应再次核对停电线路的识别标记,确认无误后方可进入停电线路侧横担。

2)触电伤害:未仔细核对线路双重命名或未经验电,或未挂接地线进行作业可能发生触电;同塔多回线路单回停电时,应使用绝缘传递绳、防潮垫、静电防护服等防静电感应措施,作业人员活动范围及其所携带使用的工具、材料等,与带电导线最小安全距离不得小于 9.5m;邻近带电线路应使用绝缘绳索传递物品,作业人员应将金属物品接地后再接触,以防电击。

3)高空坠落:攀登杆塔时没有正确使用攀登自锁防坠装置;攀登杆塔时由于脚钉松动或没有抓稳踏牢;安全带没有系在牢固构件上或系安全带后扣环没有扣好;杆塔上

作业转位时失去安全带保护等情况可能导致发生高空坠落；上、下杆塔及塔上转位过程中，手上不得带工具物品等。

4）高空落物：现场人员应正确佩戴安全帽；应避免高空落物，严禁将物品浮搁在塔上；使用工具、材料等应用绳索传递，严禁抛扔，并应检查传递滑轮及绑扎等连接部位的受力情况；地面人员不得在作业点正下方逗留。

5）导线脱落：收紧导线前必须做好导线脱离的保护措施。

6）其他：据现场实际情况，补充必要的危险点分析和预控内容。

（四）三交三查

（1）工作前，工作负责人检查工作票所列安全措施是否正确完备和工作许可人所做的安全措施是否符合现场实际条件，必要时予以补充；工作负责人应召集工作班成员进行"三交三查"，包括交代工作任务、安全措施和技术措施，进行危险点告知；检查人员衣着、精神状况和"安全三宝"。

（2）全体工作班成员明确工作任务、安全措施、技术措施和危险点后在工作票上签字。

（五）人员分工

（1）工作负责人1名，负责工作组织、监护。

（2）塔上作业人员4名，负责挂设个人保安线和更换绝缘子。

（3）地面作业人员6名，负责配合传递工器具。

（4）塔上监护人1名，负责塔上专人监护。

（六）安全措施及注意事项

（1）严格执行工作票制度，以及停电、验电、挂接地线的安全技术措施，做好防静电感应措施。

（2）主要承力工具应根据导线张力荷载核验，严禁以小代大。

（3）同塔架设多回线路进行作业时，杆上作业人员应穿全套静电感应防护服，严禁进入带电侧横担，严重在带电侧横担上放置任何物件，作业人员活动范围及其所携带或使用的工具、材料等，与带电体最小距离不得小于9.5m，传递物品时应使用绝缘无极绳索，风力应不大于5级，并有专人监护。

（4）攀登杆塔时，注意检查脚钉是否齐全牢固可靠，在杆塔上作业时，必须系好安全带；下导线作业时安全带应系在杆塔横担上或使用速差自控器，应防止安全带被锋利物割伤，系好安全带后必须检查扣环是否扣牢。杆塔上转移作业位置时，不得失去安全带保护。

（5）杆塔上作业人员要防止落物，所使用的工器具、材料等应装在工具袋里，并用绳索传递，不得抛扔，绳扣要绑扎牢固，人员不得在作业点下方逗留或经过；现场作业区域必须设置围栏。

（6）现场人员必须戴好安全帽，杆上作业人员必须使用个人保安线。

（7）检查现场的安全工器具、劳动保护是否符合规程要求，钢丝套与铁塔等连接部位应用麻袋等软物衬垫，软梯挂上铁塔后，对于软梯悬挂情况进行认真检查核对，杆上作业人员屏蔽服接头连接需可靠。

（8）闭式卡具与绝缘子必须咬合良好，在脱开被更换绝缘子前，应检查卡具连接点，确保安全无误后方可进行，闭式卡具丝杠必须同步收紧或放松，并防止丝杠脱出。

（9）收紧导线前必须做好防止导线脱落的保护措施。

（10）遵守《国家电网公司电力安全工作规程》（线路部分）中其他相关规定。

（七）作业内容和工艺标准

（1）工作许可：①向调度值班员或工区值班员办理停电许可手续；②工作负责人将许可停电的时间、许可人记录在工作票，并签名。

（2）核对现场：①由登塔人员核对线路双重命名、杆塔号，工作负责人（监护人）确认；②由工作负责人（监护人）核对现场情况；③工作负责人在开工前召集工作人员召开现场班前会，再次交待工作任务、安全措施，检查工器具是否完备和人员精神状况是否良好。

（3）登塔：登塔前正确佩戴个人安全用具，杆塔有防坠装置的，应使用防坠装置，登塔过程中，双手不得携带物品。杆塔上人员，必须正确使用安全带（绳），在杆塔上作业转位时，不得失去安全带（绳）保护。

（4）验电接地：①验电应使用相应电压等级、合格的接触式验电器；②验电时人体应与被验电设备保持 9.5m（1000kV）以上的安全距离，并设专人监护，使用伸缩式验电器时应保证绝缘的有效长度；③线路经验明确无电压后，应立即在每相装设接地线，挂接地线应在监护下进行；④接地线应用有透明护套的多股软铜线组成，其截面不得小于 25mm²，接地线应使用专用的线夹固定在导线上，严禁用缠绕的方法进行接地或短路；⑤装设接地线应先接接地端，后接导线端，接地线应接触良好，连接可靠，装接地线均应使用绝缘棒或专用的绝缘绳，人体不得碰触接地线或未接地的导线；⑥个人保安线应在杆塔上接触或接近导线的作业开始前挂接，作业结束脱离导线后拆除。装设时，应先接接地端，后接导线端，且接触良好，连接可靠。拆除个人保安线的顺序与此相反。个人保安线由作业人员负责自行装、拆；⑦个人保安线应使用有透明护套的多股软铜线，截面积不准小于 16mm²，且应带有绝缘手柄或绝缘部件。禁止用个人保安线代替接地线。

（5）工器具传递安装：①传递工器具绳扣应正确可靠，塔上人员应防止高空落物；②杆塔上、下作业人员应密切配合。

（6）更换绝缘子及拆除工器具：①安全带保险绳要系在杆塔横担上；②转移位置时，不得失去安全带的保护；③在工作中杆上及地面人员密切配合，使用的工具、材料必须用绳索传递，不得抛扔；④杆上人员必须检查各类销子是否齐全、完好；⑤全体人员必须密切注视各受力的变化情况，在葫芦缓缓受力期间杆上人员必须密切注意葫芦及各连接部位的受力变化。如有异常立即停止工作，待消除异常才能恢复工作。

（7）拆除接地线：①接地线、工具、更换下的绝缘子齐全并与作业前数量相符；②拆除接地线应先拆导线端，后拆接地端，拆装接地线均应使用绝缘棒或专用的绝缘绳，人体不得碰触接地线或未接地的导线；③接地线拆除后，应即认为线路带电，不准任何人再进行工作。

（8）下塔：①确认杆塔上无遗留物；②下塔时，必须戴安全帽，杆塔有防坠装置的，应使用防坠装置，下塔过程中，双手不得携带物品；③监护人专责监护。

（9）工作终结：确认工器具均已收齐，工作现场做到"工完、料净、场地清"。

（10）自检记录：①更换的零部件；②发现的问题及处理情况；③验收结论。

（八）作业示意图

更换耐张单片绝缘子作业示意图，如图 6-2 所示。

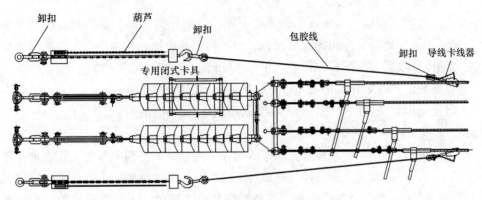

图 6-2　更换耐张单片绝缘子作业示意图

说明：图中只画两根子导线的锚线，其他子导线锚线方式相同

三、更换耐张整串绝缘子

（一）作业人员配备

共 20 人：小组工作负责人 1 名，塔上作业人员 6 名，地面作业人员 12 名，塔上监护人 1 名。

（二）主要工器具配备

（1）安全用具分别为个人保安线、专用接地线、攀登自锁器。

（2）承力工器具分别为链条葫芦、传递绳、传递滑车、卸扣、钢丝绳、牵引线（包胶线）、导线卡线器、单轮滑车、三轮滑车、四轮滑车、机动绞磨。

工器具机械强度应满足安规要求，周期预防性检查试验合格，不得以小代大，工器具的配备应根据线路实际情况进行调整。

（三）工作前准备

（1）相关资料。查找图纸资料，明确杆塔塔型、高度，导线型号、张力，绝缘子型号参数及产地等。

（2）危险点分析预控。

1）误登杆塔：登塔前必须仔细核对线路双重命名、杆塔号，确认无误后方可上塔。同塔双回线路登杆至横担处时，应再次核对停电线路的识别标记，确认无误后方可进入停电线路侧横担。

2) 触电伤害：未仔细核对线路双重命名或未经验电，或未挂接地线进行作业可能发生触电；同塔多回线路单回停电时，应使用绝缘传递绳、防潮垫、静电防护服等防静电感应措施，作业人员活动范围及其所携带使用的工具、材料等，与带电导线最小安全距离不得小于 9.5m；邻近带电线路应使用绝缘绳索传递物品，作业人员应将金属物品接地后再接触，以防电击。

3) 高空坠落：攀登杆塔时没有正确使用攀登自锁防坠装置；攀登杆塔时由于脚钉松动或没有抓稳踏牢；安全带没有系在牢固构件上或系安全带后扣环没有扣好；杆塔上作业转位时失去安全带保护等情况可能导致发生高空坠落；上、下杆塔及塔上转位过程中，手上不得带工具物品等。

4) 高空落物：现场人员应正确佩戴安全帽；应避免高空落物，严禁将物品浮搁在塔上；使用工具、材料等应用绳索传递，严禁抛扔，并应检查传递滑轮及绑扎等连接部位的受力情况；地面人员不得在作业点正下方逗留。

5) 导线脱落：收紧导线前必须做好导线脱落的保护措施。

6) 其他：据现场实际情况，补充必要的危险点分析和预控内容。

（四）三交三查

（1）工作前，工作负责人检查工作票所列安全措施是否正确完备和工作许可人所做的安全措施是否符合现场实际条件，必要时予以补充。工作负责人应召集工作班成员进行"三交三查"，包括交代工作任务、安全措施和技术措施，进行危险点告知；检查人员衣着、精神状况和"安全三宝"。

（2）全体工作班成员明确工作任务、安全措施、技术措施和危险点后在工作票上签字。

（五）人员分工

（1）工作负责人1名，负责工作组织、监护。

（2）塔上作业人员6名，负责挂设个人保安线和更换绝缘子。

（3）地面作业人员12名，负责配合传递工器具。

（4）塔上监护人1名，负责塔上专人监护。

（六）安全措施及注意事项

（1）严格执行工作票制度，以及停电、验电、挂接地线的安全技术措施，做好防静电感应措施。

（2）主要承力工具应根据导线张力荷载核验，严禁以小代大。

（3）同塔架设多回线路进行作业时，杆上作业人员应穿全套静电感应防护服，严禁进入带电侧横担，严重在带电侧横担上放置任何物件，作业人员活动范围及其所携带或使用的工具、材料等，与带电体最小距离不得小于 9.5m，传递物品时应使用绝缘无极绳索，风力应不大于 5 级，并有专人监护。

（4）攀登杆塔时，注意检查脚钉是否齐全牢固可靠，在杆塔上作业时，必须系好安全带；下导线作业时安全带应系在杆塔横担上或使用速差自控器，应防止安全带被锋利物割伤。系好安全带后必须检查扣环是否扣牢。杆塔上转移作业位置时，不得失去安全带保护。

（5）杆塔上作业人员要防止落物，所使用的工器具、材料等应装在工具袋里，并用绳索传递，不得抛扔，绳扣要绑扎牢固，人员不得在作业点下方逗留或经过；现场作业区域必须设置围栏。

（6）现场人员必须戴好安全帽，杆上作业人员必须使用个人保安线。

（7）检查现场的安全工器具、劳动保护是否符合规程要求，钢丝套与铁塔等连接部位应用麻袋或导木衬垫，软梯挂上铁塔后，对于软梯悬挂情况进行认真检查核对，杆上作业人员屏蔽服接头连接需可靠。

（8）检查现场的安全工器具、劳动保护是否符合规程要求，钢丝套与铁塔连接部位应用麻袋等软物衬垫，软梯挂上铁塔后，对于软梯悬挂情况进行认真检查核对。

（9）收紧导线前必须做好防止导线脱落的保护措施，并对连接情况进行检查，收紧导线后对各受力点进行检查。

（10）遵守《国家电网公司电力安全工作规程》（线路部分）中其他相关规定。

（七）作业内容和工艺标准

（1）工作许可：①向调度值班员或工区值班员办理停电许可手续；②工作负责人将许可停电的时间、许可人记录在工作票，并签名。

（2）核对现场：①由登塔人员核对线路双重命名、杆塔号，工作负责人（监护人）确认；②由工作负责人（监护人）核对现场情况；③工作负责人在开工前召集工作人员召开现场班前会，再次交待工作任务、安全措施，检查工器具是否完备和人员精神状况是否良好。

（3）登塔：登塔前正确佩戴个人安全用具，杆塔有防坠装置的，应使用防坠装置，登塔过程中，双手不得携带物品。杆塔上人员，必须正确使用安全带（绳），在杆塔上作业转位时，不得失去安全带（绳）保护。

（4）验电接地：①验电应使用相应电压等级、合格的接触式验电器；②验电时人体应与被验电设备保持 9.5m（1000kV）以上的安全距离，并设专人监护，使用伸缩式验电器时应保证绝缘的有效长度；③线路经验明确无电压后，应立即在每相装设接地线，挂接地线应在监护下进行；④接地线应用有透明护套的多股软铜线组成，其截面不得小于 $25mm^2$，接地线应使用专用的线夹固定在导线上，严禁用缠绕的方法进行接地或短路；⑤装设接地线应先接接地端，后接导线端，接地线应接触良好，连接可靠，装接地线均应使用绝缘棒或专用的绝缘绳，人体不得碰触接地线或未接地的导线；⑥个人保安线应在杆塔上接触或接近导线的作业开始前挂接，作业结束脱离导线后拆除。装设时，应先接接地端，后接导线端，且接触良好，连接可靠。拆除个人保安线的顺序与此相反。个人保安线由作业人员负责自行装、拆；⑦个人保安线应使用有透明护套的多股软铜线，截面积不准小于 $16mm^2$，且应带有绝缘手柄或绝缘部件。禁止用个人保安线代替接地线。

（5）工器具传递安装：①传递工器具绳扣应正确可靠，塔上人员应防止高空落物；②杆塔上、下作业人员应密切配合。

（6）更换绝缘子及拆除工器具：①安全带保险绳要系在杆塔横担上；②转移位置

时，不得失去安全带的保护；③在工作中杆上及地面人员密切配合，使用的工具、材料必须用绳索传递，不得抛扔；④杆上人员必须检查各类销子是否齐全、完好；⑤全体人员必须密切注视各受力的变化情况，在缓缓受力期间杆上人员必须密切注意各连接部位的受力变化。如有异常立即停止工作，待消除异常才能恢复工作；⑥如用葫芦锚线，在收紧导线时，8付葫芦必须同时收紧，保持基本平衡；⑦滑车组、锚线绳等应设置在绝缘子上方，不得互相缠绕，否则绝缘子串将无法松下和还原；⑧利用机动绞磨上下起吊时要匀速，必须专人操作，专人统一指挥。

（7）拆除接地线：①接地线、工具、更换下的绝缘子齐全并与作业前数量相符；②拆除接地线应先拆导线端，后拆接地端，拆装接地线均应使用绝缘棒或专用的绝缘绳，人体不得碰触接地线或未接地的导线；③接地线拆除后，应即认为线路带电，不准任何人再进行工作。

（8）下塔：①确认杆塔上无遗留物；②下塔时，必须戴安全帽，杆塔有防坠装置的，应使用防坠装置，下塔过程中，双手不得携带物品；③监护人专责监护。

（9）工作终结：确认工器具均已收齐，工作现场做到"工完、料净、场地清"。

（10）自检记录：①更换的零部件；②发现的问题及处理情况；③验收结论。

（八）作业布置示意图

更换耐张整串绝缘子作业布置示意图，如图6-3所示。

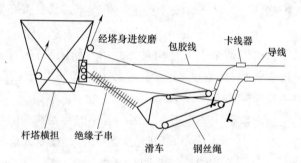

图6-3　更换耐张整串绝缘子作业布置示意图

四、更换耐张串跳线复合绝缘子

（一）作业人员配备

共9人：工作负责人1名，塔上作业人员2名，地面作业人员5名，塔上监护人1名。

（二）主要工器具配备

（1）安全用具分别为个人保安线、攀登自锁器、软梯。

（2）承力工器具分别为链条葫芦、传递绳、传递滑车、卸扣、钢丝绳、非金属高强度绑带、拆/装复合绝缘子专用扳手、机动绞磨。

工器具机械强度应满足安规要求，周期预防性检查试验合格，不得以小代大，工器具的配备应根据线路实际情况进行调整。

（三）工作前准备

（1）相关资料。查找图纸资料，内容包括所在杆塔塔型、高度，跳线串型式、跳线型号，绝缘子型号参数及产地等。

（2）危险点分析预控。

1）误登杆塔：登塔前必须仔细核对线路双重命名、杆塔号，确认无误后方可上塔。同塔双回线路登杆至横担处时，应再次核对停电线路的识别标记，确认无误后方可进入停电线路侧横担。

2）触电伤害：未仔细核对线路双重命名或未经验电，或未挂接地线进行作业可能发生触电；同塔多回线路单回停电时，应使用绝缘传递绳、防潮垫、静电防护服等防静电感应措施，作业人员活动范围及其所携带使用的工具、材料等，与带电导线最小安全距离不得小于 9.5m；邻近带电线路应使用绝缘绳索传递物品，作业人员应将金属物品接地后再接触，以防电击。

3）高空坠落：攀登杆塔时没有正确使用攀登自锁防坠装置；攀登杆塔时由于脚钉松动或没有抓稳踏牢；安全带没有系在牢固构件上或系安全带后扣环没有扣好；杆塔上作业转位时失去安全带保护等情况可能导致发生高空坠落；上、下杆塔及塔上转位过程中，手上不得带工具物品等。

4）高空落物：现场人员应正确佩戴安全帽；应避免高空落物，严禁将物品浮搁在塔上；使用工具、材料等应用绳索传递，严禁抛扔，并应检查传递滑轮及绑扎等连接部位的受力情况；地面人员不得在作业点正下方逗留。

5）跳线脱落：操作不当可能会引起跳线脱落。提升跳线前，应做好防止跳线脱落的后备保护措施。

6）其他：根据现场实际情况，补充必要的危险点分析和预控内容。

（四）三交三查

（1）工作前，工作负责人检查工作票所列安全措施是否正确完备和工作许可人所做的安全措施是否符合现场实际条件，必要时予以补充；工作负责人应召集工作班成员进行"三交三查"，包括交代工作任务、安全措施和技术措施，进行危险点告知；检查人员衣着、精神状况和"安全三宝"。

（2）全体工作班成员明确工作任务、安全措施、技术措施和危险点后在工作票上签字。

（五）人员分工

（1）工作负责人1名，负责工作组织、监护。

（2）塔上作业人员2名，负责挂设个人保安线和更换绝缘子。

（3）地面作业人员5名，负责配合传递工器具。

（4）塔上监护人1名，负责塔上专人监护。

（六）安全措施及注意事项

（1）严格执行工作票制度，以及停电、验电、挂接地线的安全技术措施，做好防静电感应措施。

（2）主要承力工具应根据垂直荷载核验，严禁以小代大。

（3）同塔架设多回线路进行作业时，杆上作业人员应穿全套静电感应防护服，严禁进入带电侧横担，严重在带电侧横担上放置任何物件，作业人员活动范围及其所携带或使用的工具、材料等，与带电体最小距离不得小于 9.5m，传递物品时应使用绝缘无极绳索，风力应不大于 5 级，并有专人监护。

（4）攀登杆塔时，注意检查脚钉是否齐全牢固可靠，在杆塔上作业时，必须系好安全带；下导线作业时安全带应系在杆塔横担上或使用速差自控器，应防止安全带被锋利物割伤。系好安全带后必须检查扣环是否扣牢。杆塔上转移作业位置时，不得失去安全带保护。

（5）杆塔上作业人员要防止落物，所使用的工器具、材料等应装在工具袋里，并用绳索传递，不得抛扔，绳扣要绑扎牢固，人员不得在作业点下方逗留或经过；现场作业区域必须设置围栏。

（6）现场人员必须戴好安全帽，杆上作业人员必须使用个人保安线。

（7）检查现场的安全工器具、劳动保护是否符合规程要求，钢丝套与铁塔、金具连接部位应用麻袋等软物衬垫，软梯挂上铁塔后，对于软梯悬挂情况进行认真检查核对。

（8）提升跳串前必须做好防止跳线脱落的保护措施。

（9）遵守《国家电网公司电力安全工作规程》（线路部分）中其他相关规定。

（七）作业内容和工艺标准

（1）工作许可：①向调度值班员或工区值班员办理停电许可手续；②工作负责人将许可停电的时间、许可人记录在工作票，并签名。

（2）核对现场：①由登塔人员核对线路双重命名、杆塔号，工作负责人（监护人）确认；②由工作负责人（监护人）核对现场情况；③工作负责人在开工前召集工作人员召开现场班前会，再次交待工作任务、安全措施，检查工器具是否完备和人员精神状况是否良好。

（3）登塔：登塔前正确佩戴个人安全用具，杆塔有防坠装置的，应使用防坠装置，登塔过程中，双手不得携带物品。杆塔上人员，必须正确使用安全带（绳），在杆塔上作业转位时，不得失去安全带（绳）保护。

（4）验电接地：①验电应使用相应电压等级、合格的接触式验电器；②验电时人体应与被验电设备保持 9.5m（1000kV）以上的安全距离，并设专人监护，使用伸缩式验电器时应保证绝缘的有效长度；③线路经验明确无电压后，应立即在每相装设接地线，挂接地线应在监护下进行；④接地线应用有透明护套的多股软铜线组成，其截面不得小于 25mm^2，接地线应使用专用的线夹固定在导线上，严禁用缠绕的方法进行接地或短路；⑤装设接地线应先接接地端，后接导线端，接地线应接触良好，连接可靠，装接地线均应使用绝缘棒或专用的绝缘绳，人体不得碰触接地线或未接地的导线；⑥个人保安线应在杆塔上接触或接近导线的作业开始前挂接，作业结束脱离导线后拆除。装设时，应先接接地端，后接导线端，且接触良好，连接可靠。拆除个人保安线的顺序与此相反。个人保安线由作业人员负责自行装、拆；⑦个人保安线应使用有透明护套的多股软铜线，截面积不准小于 16mm^2，且应带有绝缘手柄或绝缘部件。禁止用个人保安线代替接地线。

（5）工器具传递安装：①传递工器具绳扣应正确可靠，塔上人员应防止高空落物；②杆塔上、下作业人员应密切配合。

（6）更换绝缘子及拆除工器具：①安全带保险绳要系在杆塔横担上；②转移位置时，不得失去安全带的保护；③在工作中杆上及地面人员密切配合，使用的工具、材料必须用绳索传递，不得抛扔；④杆上人员必须检查各类销子是否齐全、完好；⑤全体人员必须密切注视各受力的变化情况，在葫芦缓缓受力期间杆上人员必须密切注意葫芦及各连接部位的受力变化。如有异常立即停止工作，待消除异常才能恢复工作。

（7）拆除接地线：①接地线、工具、更换下的绝缘子齐全并与作业前数量相符；②拆除接地线应先拆导线端，后拆接地端，拆装接地线均应使用绝缘棒或专用的绝缘绳，人体不得碰触接地线或未接地的导线；③接地线拆除后，应即认为线路带电，不准任何人再进行工作。

（8）下塔：①确认杆塔上无遗留物；②下塔时，必须戴安全帽，杆塔有防坠装置的，应使用防坠装置，下塔过程中，双手不得携带物品；③监护人专责监护。

（9）工作终结：确认工器具均已收齐，工作现场做到"工完、料净、场地清"。

（10）自检记录：①更换的零部件；②发现的问题及处理情况；③验收结论。

（八）作业布置示意图

更换耐张串跳线整串绝缘子作业布置示意图，如图6-4所示。

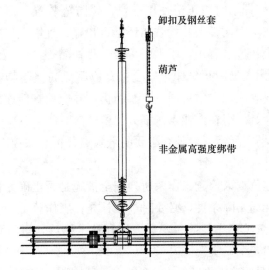

图 6-4　更换耐张串跳线整串绝缘子作业布置示意图

第四节　导 地 线 修 补

一、修补断股导线

（一）作业人员配备

共5人：工作负责人1名，塔上作业人员2名，地面配合人员1名，塔上监护人1名。

（二）主要工器具配备

（1）安全用具分别为个人保安线、攀登自锁器、软梯。

（2）承力工器具分别为传递绳、传递滑车。

工器具机械强度应满足安规要求，周期预防性检查试验合格，不得以小代大，工器具的配备应根据线路实际情况进行调整。

（三）工作前准备

（1）相关资料。查阅相关资料，明确塔型、呼高、导线型号、金具串形式、绝缘子型号等。

（2）危险点分析预控。

1）误登杆塔：登塔前必须仔细核对线路双重命名、杆塔号，确认无误后方可上塔。同塔双回线路登杆至横担处时，应再次核对停电线路的识别标记，确认无误后方可进入停电线路侧横担。

2）触电伤害：未仔细核对线路双重命名或未经验电，或未挂接地线进行作业可能发生触电；同塔多回线路单回停电时，应使用绝缘传递绳、防潮垫、静电防护服等防静电感应措施，作业人员活动范围及其所携带使用的工具、材料等，与带电导线最小安全距离不得小于 9.5m；邻近带电线路应使用绝缘绳索传递物品，作业人员应将金属物品接地后再接触，以防电击。

3）高空坠落：攀登杆塔时应正确使用攀登自锁防坠装置，检查脚钉是否松动，抓稳踏牢，安全带应系在牢固构件上并检查扣环是否扣好，杆塔上作业转位时不得失去保护；上、下杆塔及塔上转位过程中，手上不得带工具物品等。

4）高空落物：现场人员应正确佩戴安全帽；应避免高空落物，严禁将物品浮搁在塔上；使用工具、材料等应用绳索传递，严禁抛扔，并应检查传递滑轮及绑扎等连接部位的受力情况；地面人员不得在作业点正下方逗留。

5）其他：根据现场实际情况，补充必要的危险点分析和预控内容。

（四）三交三查

（1）工作前，工作负责人检查工作票所列安全措施是否正确完备和工作许可人所做的安全措施是否符合现场实际条件，必要时予以补充；工作负责人应召集工作班成员进行"三交三查"，包括交代工作任务、安全措施和技术措施，进行危险点告知；检查人员衣着、精神状况和"安全三宝"。

（2）全体工作班成员明确工作任务、安全措施、技术措施和危险点后在工作票上签字。

（五）人员分工

（1）工作负责人1名，负责工作组织、监护。

（2）塔上作业人员2名，负责挂设个人保安线和修补导线等高空作业。

（3）地面作业人员1名，负责传递工器具、材料。

（4）塔上监护人1名，负责塔上专人监护。

（六）安全措施及注意事项

（1）严格执行工作票制度，以及停电、验电、挂接地线的安全技术措施，做好防静电感应措施；

（2）同塔架设多回线路进行作业时，杆上作业人员应正确穿戴全套静电感应防护服，严禁进入带电侧横担，严重在带电侧横担上放置任何物件，作业人员活动范围及其所携带或使用的工具、材料等，与带电体最小距离不得小于 9.5m，传递物品时应使用绝缘无极绳索，风力应不大于 5 级；

（3）攀登杆塔时，注意检查脚钉是否齐全牢固可靠，在杆塔上作业时，必须系好安全带；下导线作业时安全带应系在杆塔横担上或使用速差自控器，应防止安全带被锋利物割伤。系好安全带后必须检查扣环是否扣牢。杆塔上转移作业位置时，不得失去安全带保护；

（4）杆塔上作业人员要防止落物，所使用的工器具、材料等应装在工具袋里，并用绳索传递，不得抛扔，绳扣要绑扎牢固，人员不得在作业点下方逗留或经过；

（5）走线人员应正确使用长、短两根安全绳，走线时，两脚应踩在同一根子导线上，走线过程中不得失去保护；

（6）遵守《国家电网公司电力安全工作规程》（线路部分）中其他相关规定。

（七）作业内容和工艺标准

（1）工作许可：①向调度值班员或工区值班员办理停电许可手续；②工作负责人将许可停电的时间、许可人记录在工作票，并签名。

（2）核对现场：①由登塔人员核对线路双重命名、杆塔号，工作负责人（监护人）确认；②由工作负责人（监护人）核对现场情况；③工作负责人在开工前召集工作人员召开现场班前会，再次交待工作任务、安全措施，检查工器具是否完备和人员精神状况是否良好。

（3）登塔：登塔前正确佩戴个人安全用具，杆塔有防坠装置的，应使用防坠装置，登塔过程中，双手不得携带物品。杆塔上人员，必须正确使用安全带（绳），在杆塔上作业转位时，不得失去安全带（绳）保护。

（4）验电接地：①验电应使用相应电压等级、合格的接触式验电器；②验电时人体应与被验电设备保持 9.5m（1000kV）以上的安全距离，并设专人监护，使用伸缩式验电器时应保证绝缘的有效长度；③线路经验明确无电压后，应立即在每相装设接地线，挂接地线应在监护下进行；④接地线应用有透明护套的多股软铜线组成，其截面不得小于 25mm^2，接地线应使用专用的线夹固定在导线上，严禁用缠绕的方法进行接地或短路；⑤装设接地线应先接接地端，后接导线端，接地线应接触良好，连接可靠，装接地线均应使用绝缘棒或专用的绝缘绳，人体不得碰触接地线或未接地的导线；⑥个人保安线应在杆塔上接触或接近导线的作业开始前挂接，作业结束脱离导线后拆除。装设时，应先接接地端，后接导线端，且接触良好，连接可靠。拆除个人保安线的顺序与此相反。个人保安线由作业人员负责自行装、拆；⑦个人保安线应使用有透明护套的多股软铜线，截面积不准小于 16mm^2，且应带有绝缘手柄或绝缘部件。禁止用个人保安线代替接地线。

（5）缠绕补修断股导线：①高空作业时，不得失去保护；②缠绕修补需符合相关规范要求。

(6) 拆除接地线：①接地线、工具、更换下的绝缘子齐全并与作业前数量相符；②拆除接地线应先拆导线端，后拆接地端，拆装接地线均应使用绝缘棒或专用的绝缘绳，人体不得碰触接地线或未接地的导线；③接地线拆除后，应即认为线路带电，不准任何人再进行工作。

(7) 下塔：①确认杆塔上无遗留物；②下塔时，必须戴安全帽，杆塔有防坠装置的，应使用防坠装置，下塔过程中，双手不得携带物品；③监护人专责监护。

(8) 工作终结：确认工器具均已收齐，工作现场做到"工完、料净、场地清"。

(9) 自检记录：①更换的零部件；②发现的问题及处理情况；③验收结论。

二、飞车修补断股地线

(一) 作业人员配备

共9人：工作负责人1名，塔上作业人员2名，地面作业人员5人，塔上监护人1名。

(二) 主要工器具配备

(1) 安全用具分别为地线接地线、攀登自锁器。

(2) 承力工器具分别为传递绳、传递滑车、飞车、飞车控制绳滑车。

工器具机械强度应满足安规要求，周期预防性检查试验合格，不得以小代大，工器具的配备应根据线路实际情况进行调整。

(三) 工作前准备

(1) 相关资料。查阅图纸资料，明确塔型、呼高、档距、地线型号、金具串形式、绝缘子型号等。

(2) 危险点分析预控。

1) 误登杆塔：登塔前必须仔细核对线路双重命名、杆塔号，确认无误后方可上塔。同塔双回线路登杆至横担处时，应再次核对停电线路的识别标记，确认无误后方可进入停电线路侧横担。

2) 触电伤害：未仔细核对线路双重命名或未经验电，或未挂接地线进行作业可能发生触电；同塔多回线路单回停电时，应使用绝缘传递绳、防潮垫、静电防护服等防静电感应措施，作业人员活动范围及其所携带使用的工具、材料等，与带电导线最小安全距离不得小于9.5m；邻近带电线路应使用绝缘绳索传递物品，作业人员应将金属物品接地后再接触，以防电击。

3) 高空坠落：攀登杆塔时应正确使用攀登自锁防坠装置，检查脚钉是否松动，抓稳踏牢，安全带应系在牢固构件上并检查扣环是否扣好，杆塔上作业转位时不得失去保护；上、下杆塔及塔上转位过程中，手上不得带工具物品等。

4) 高空落物：现场人员应正确佩戴安全帽；应避免高空落物，严禁将物品浮搁在塔上；使用工具、材料等应用绳索传递，严禁抛扔，并应检查传递滑轮及绑扎等连接部位的受力情况；地面人员不得在作业点正下方逗留。

5) 地线断线：本作业法需地线损伤后截面不小于钢芯铝绞线和铝合金绞线 $120mm^2$，钢绞线 $50mm^2$ 才能进行。

6）其他：根据现场实际情况，补充必要的危险点分析和预控内容。

（四）三交三查

（1）工作前，工作负责人检查工作票所列安全措施是否正确完备和工作许可人所做的安全措施是否符合现场实际条件，必要时予以补充；工作负责人应召集工作班成员进行"三交三查"，包括交代工作任务、安全措施和技术措施，进行危险点告知；检查人员衣着、精神状况和"安全三宝"。

（2）全体工作班成员明确工作任务、安全措施、技术措施和危险点后在工作票上签字。

（五）人员分工

（1）工作负责人1名，负责工作组织、监护。

（2）塔上作业人员2名，负责修补架空地线，挂拆地线接地线。

（3）地面作业人员5人，负责传递工器具和材料。

（4）塔上监护人1名，负责塔上专人监护。

（六）安全措施及注意事项

（1）严格执行工作票制度，以及停电、验电、挂接地线的安全技术措施，做好防静电感应措施。

（2）同塔架设多回线路进行作业时，杆上作业人员应正确穿戴全套静电感应防护服，严禁进入带电侧横担，严重在带电侧横担上放置任何物件，作业人员活动范围及其所携带或使用的工具、材料等，与带电体最小距离不得小于9.5m，传递物品时应使用绝缘无极绳索，风力应不大于5级。

（3）攀登杆塔时，注意检查脚钉是否齐全牢固可靠，在杆塔上作业时，必须系好安全带；下导线作业时安全带应系在杆塔横担上或使用速差自控器，应防止安全带被锋利物割伤。系好安全带后必须检查扣环是否扣牢。杆塔上转移作业位置时，不得失去安全带保护。

（4）杆塔上作业人员要防止落物，所使用的工器具、材料等应装在工具袋里，并用绳索传递，不得抛扔，绳扣要绑扎牢固，人员不得在作业点下方逗留或经过。

（5）现场人员必须戴好安全帽，在绝缘架空地线上作业时应可靠接地，飞车挂设后必须安装好保险装置，飞车刹车装置必须灵活可靠，必要时可增设塔上监护人。

（6）遵守《国家电网公司电力安全工作规程》（线路部分）中其他相关规定。

（七）作业内容和工艺标准

（1）工作许可：①向调度值班员或工区值班员办理停电许可手续；②工作负责人将许可停电的时间、许可人记录在工作票，并签名。

（2）核对现场：①由登塔人员核对线路双重命名、杆塔号，工作负责人（监护人）确认；②由工作负责人（监护人）核对现场情况；③工作负责人在开工前召集工作人员召开现场班前会，再次交待工作任务、安全措施，检查工器具是否完备和人员精神状况是否良好。

（3）登塔：登塔前正确佩戴个人安全用具，杆塔有防坠装置的，应使用防坠装置，登塔过程中，双手不得携带物品。杆塔上人员，必须正确使用安全带（绳），在杆塔上作业转位时，不得失去安全带（绳）保护。

（4）验电接地：①验电应使用相应电压等级、合格的接触式验电器；②验电时人体应与被验电设备保持 9.5m（1000kV）以上的安全距离，并设专人监护，使用伸缩式验电器时应保证绝缘的有效长度；③线路经验明确无电压后，应立即在每相装设接地线，挂接地线应在监护下进行；④接地线应用有透明护套的多股软铜线组成，其截面不得小于 25mm²，接地线应使用专用的线夹固定在导线上，严禁用缠绕的方法进行接地或短路；⑤装设接地线应先接接地端，后接导线端，接地线应接触良好，连接可靠，装接地线均应使用绝缘棒或专用的绝缘绳，人体不得碰触接地线或未接地的导线；⑥个人保安线应在杆塔上接触或接近导线的作业开始前挂接，作业结束脱离导线后拆除。装设时，应先接接地端，后接导线端，且接触良好，连接可靠。拆除个人保安线的顺序与此相反。个人保安线由作业人员负责自行装、拆；⑦个人保安线应使用有透明护套的多股软铜线，截面积不准小于 16mm²，且应带有绝缘手柄或绝缘部件。禁止用个人保安线代替接地线。

（5）修补断股架空地线：①预绞丝缠绕应紧密，其中心应位于损伤最严重处，并将受损部分全部覆盖；②安全带保险绳要系在杆塔横担上；③转移位置时，不得失去安全带的保护；④飞车控制绳滑车应按照每隔 15～20m 挂设 1 个。

（6）拆除接地线：①接地线、工具、更换下的绝缘子齐全并与作业前数量相符；②拆除接地线应先拆导线端，后拆接地端，拆装接地线均应使用绝缘棒或专用的绝缘绳，人体不得碰触接地线或未接地的导线；③接地线拆除后，应即认为线路带电，不准任何人再进行工作。

（7）下塔：①确认杆塔上无遗留物；②下塔时，必须戴安全帽，杆塔有防坠装置的，应使用防坠装置，下塔过程中，双手不得携带物品；③监护人专责监护。

（8）工作终结：确认工器具均已收齐，工作现场做到"工完、料净、场地清"。

（9）自检记录：①更换的零部件；②发现的问题及处理情况；③验收结论。

第五节 金 具 更 换

一、更换导线耐张线夹

（一）作业人员配备

共 12 人：工作负责人 1 名，塔上作业人员 4 名（含液压工），地面作业人员 6 名，塔上监护人 1 名。

（二）主要工器具配备

（1）安全用具分别为个人保安线、攀登自锁器。

（2）承力工器具分别为链条葫芦、传递绳、传递滑车、滑车、卸扣、导线卡线器、包胶线、液压设备。

工器具机械强度应满足安规要求，周期预防性检查试验合格，不得以小代大，工器具的配备应根据线路实际情况进行调整。

（三）工作前准备

（1）相关资料。查找图纸资料，明确杆塔塔型、高度，导线型号、张力、耐张线夹型号等。

（2）危险点分析预控。

1）误登杆塔：登塔前必须仔细核对线路双重命名、杆塔号，确认无误后方可上塔。同塔双回线路登杆至横担处时，应再次核对停电线路的识别标记，确认无误后方可进入停电线路侧横担。

2）触电伤害：未仔细核对线路双重命名或未经验电，或未挂接地线进行作业可能发生触电；同塔多回线路单回停电时，应使用绝缘传递绳、防潮垫、静电防护服等防静电感应措施，作业人员活动范围及其所携带使用的工具、材料等，与带电导线最小安全距离不得小于 9.5m；邻近带电线路应使用绝缘绳索传递物品，作业人员应将金属物品接地后再接触，以防电击。

3）高空坠落：攀登杆塔时应正确使用攀登自锁防坠装置，检查脚钉是否松动，抓稳踏牢，安全带应系在牢固构件上并检查扣环是否扣好，杆塔上作业转位时不得失去保护；上、下杆塔及塔上转位过程中，手上不得带工具物品等。

4）高空落物：现场人员应正确佩戴安全帽；应避免高空落物，严禁将物品浮搁在塔上；使用工具、材料等应用绳索传递，严禁抛扔，并应检查传递滑轮及绑扎等连接部位的受力情况；地面人员不得在作业点正下方逗留。

5）导线脱落：收紧导线前必须做好导线脱落的保护措施。

6）其他：根据现场实际情况，补充必要的危险点分析和预控内容。

（四）三交三查

（1）工作前，工作负责人检查工作票所列安全措施是否正确完备和工作许可人所做的安全措施是否符合现场实际条件，必要时予以补充。工作负责人应召集工作班成员进行"三交三查"，包括交代工作任务、安全措施和技术措施，进行危险点告知；检查人员衣着、精神状况和"安全三宝"。

（2）全体工作班成员明确工作任务、安全措施、技术措施和危险点后在工作票上签字。

（五）人员分工

（1）工作负责人1名，负责工作组织、监护。

（2）塔上作业人员4名，负责挂设个人保安线和更换耐张线夹、液压操作。

（3）地面作业人员6名，负责配合传递工器具、材料。

（4）塔上监护人员1名，负责塔上专人监护。

（六）安全措施及注意事项

（1）严格执行工作票制度，以及停电、验电、挂接地线的安全技术措施，做好防静电感应措施。

（2）主要承力工具应根据导线张力荷载核验，严禁以小代大。

（3）同塔架设多回线路进行作业时，杆上作业人员应穿全套静电感应防护服，严禁进入带电侧横担，严重在带电侧横担上放置任何物件，作业人员活动范围及其所携带或使用的工具、材料等，与带电体最小距离不得小于 9.5m，传递物品时应使用绝缘无极绳索，风力应不大于 5 级，并有专人监护。

（4）攀登杆塔时，注意检查脚钉是否齐全牢固可靠，在杆塔上作业时，必须系好安全带；下导线作业时安全带应系在杆塔横担上或使用速差自控器，应防止安全带被锋利物割伤。系好安全带后必须检查扣环是否扣牢。杆塔上转移作业位置时，不得失去安全带保护。

（5）杆塔上作业人员要防止落物，所使用的工器具、材料等应装在工具袋里，并用绳索传递，不得抛扔，绳扣要绑扎牢固，人员不得在作业点下方逗留或经过；现场作业区域必须设置围栏。

（6）现场人员必须戴好安全帽，上作业人员必须使用个人保安线。

（7）检查现场的安全工器具、劳动保护是否符合规程要求，钢丝套与铁塔等连接部位应用麻袋或导木衬垫，软梯挂上铁塔后，对于软梯悬挂情况进行认真检查核对，杆上作业人员屏蔽服接头连接需可靠。

（8）收紧导线前必须做好防止导线脱落的保护措施，并对连接情况进行检查，收紧导线后对各受力点进行检查，葫芦需同步收紧，保持受力均匀。

（9）遵守《国家电网公司电力安全工作规程》（线路部分）中其他相关规定。

（七）作业内容和工艺标准

（1）工作许可：①向调度值班员或工区值班员办理停电许可手续；②工作负责人将许可停电的时间、许可人记录在工作票，并签名。

（2）核对现场：①由登塔人员核对线路双重命名、杆塔号，工作负责人（监护人）确认；②由工作负责人（监护人）核对现场情况；③工作负责人在开工前召集工作人员召开现场班前会，再次交待工作任务、安全措施，检查工器具是否完备和人员精神状况是否良好。

（3）登塔：登塔前正确佩戴个人安全用具，杆塔有防坠装置的，应使用防坠装置，登塔过程中，双手不得携带物品。杆塔上人员，必须正确使用安全带（绳），在杆塔上作业转位时，不得失去安全带（绳）保护。

（4）验电接地：①验电应使用相应电压等级、合格的接触式验电器；②验电时人体应与被验电设备保持 9.5m（1000kV）以上的安全距离，并设专人监护，使用伸缩式验电器时应保证绝缘的有效长度；③线路经验明确无电压后，应立即在每相装设接地线，挂接地线应在监护下进行；④接地线应用有透明护套的多股软铜线组成，其截面不得小于 25mm²，接地线应使用专用的线夹固定在导线上，严禁用缠绕的方法进行接地或短路；⑤装设接地线应先接接地端，后接导线端，接地线应接触良好，连接可靠，装接地线均应使用绝缘棒或专用的绝缘绳，人体不得碰触接地线或未接地的导线；⑥个人保安线应在杆塔上接触或接近导线的作业开始前挂接，作业结束脱离导线后拆除。装设时，应先接接地端，后接导线端，且接触良好，连接可靠。拆除个人保安线的顺序与此相反。个人保安线由作业人员负责自行装、拆；⑦个人保安线应使用有透明护套的多股软铜线，截面积不准小于 $16mm^2$，且应带有绝缘手柄或绝缘部件。禁止用个人保安线代替接地线。

（5）工器具传递：①传递工器具绳扣应正确可靠，塔上人员应防止高空落物；②杆塔上、下作业人员应密切配合。

（6）更换耐张线夹：①安全带保险绳要系在杆塔横担上；②转移位置时，不得失去安全带的保护；③切除导线位置从耐张管口算起 17m；④引流板光面对耐张管的光面，中间需加导电脂；⑤螺丝穿入方向与其相序的穿入方向一致，间隔棒面应与地面垂直。

（7）拆除接地线：①接地线、工具、更换下的绝缘子齐全并与作业前数量相符；②拆除接地线应先拆导线端，后拆接地端，拆装接地线均应使用绝缘棒或专用的绝缘绳，人体不得碰触接地线或未接地的导线；③接地线拆除后，应即认为线路带电，不准任何人再进行工作。

（8）下塔：①确认杆塔上无遗留物；②下塔时，必须戴安全帽，杆塔有防坠装置的，应使用防坠装置，下塔过程中，双手不得携带物品；③监护人专责监护。

（9）工作终结：确认工器具均已收齐，工作现场做到"工完、料净、场地清"。

（10）自检记录：①更换的零部件；②发现的问题及处理情况；③验收结论。

（八）作业布置示意图

更换导线耐张线夹作业布置示意图，如图 6-5 所示。

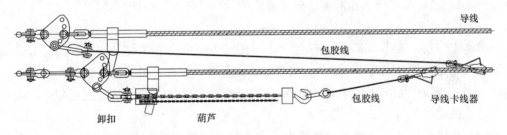

图 6-5　更换导线耐张线夹作业布置示意图

二、更换地线耐张线夹

（一）作业人员配备

共 12 人：工作负责人 1 名，塔上作业人员 4 名（含液压工），地面作业人员 6 名，塔上监护人 1 名。

（二）主要工器具配备

（1）安全用具分别为个人保安线、地线接地线、攀登自锁器。

（2）承力工器具分别为链条葫芦、传递绳、传递滑车、滑车、过轮临锚滑车、过轮地锚、卸扣、地线卡线器、钢丝绳、马鞍螺栓、包胶线、机动绞磨、铁桩、液压设备。

工器具机械强度应满足安规要求，周期预防性检查试验合格，不得以小代大，工器具的配备应根据线路实际情况进行调整。

（三）工作前准备

（1）相关资料。查找图纸资料，明确杆塔塔型、高度，地线型号、张力、耐张线夹型号等。

（2）危险点分析预控。

1）误登杆塔：登塔前必须仔细核对线路双重命名、杆塔号，确认无误后方可上塔。同塔双回线路登杆至横担处时，应再次核对停电线路的识别标记，确认无误后方可进入停电线路侧横担。

2）触电伤害：未仔细核对线路双重命名或未经验电，或未挂接地线进行作业可能发生触电；同塔多回线路单回停电时，应使用绝缘传递绳、防潮垫、静电防护服等防静电感应措施，作业人员活动范围及其所携带使用的工具、材料等，与带电导线最小安全距离不得小于9.5m；邻近带电线路应使用绝缘绳索传递物品，作业人员应将金属物品接地后再接触，以防电击。

3）高空坠落：攀登杆塔时应正确使用攀登自锁防坠装置，检查脚钉是否松动，抓稳踏牢，安全带应系在牢固构件上并检查扣环是否扣好，杆塔上作业转位时不得失去保护；上、下杆塔及塔上转位过程中，手上不得带工具物品等。

4）高空落物：现场人员应正确佩戴安全帽；应避免高空落物，严禁将物品浮搁在塔上；使用工具、材料等应用绳索传递，严禁抛扔，并应检查传递滑轮及绑扎等连接部位的受力情况；地面人员不得在作业点正下方逗留。

5）地线脱落：收紧地线前必须做好地线脱落的保护措施。

6）其他：根据现场实际情况，补充必要的危险点分析和预控内容。

（四）三交三查

（1）工作前，工作负责人检查工作票所列安全措施是否正确完备和工作许可人所做的安全措施是否符合现场实际条件，必要时予以补充。工作负责人应召集工作班成员进行"三交三查"，包括交代工作任务、安全措施和技术措施，进行危险点告知；检查人员衣着、精神状况和"安全三宝"。

（2）全体工作班成员明确工作任务、安全措施、技术措施和危险点后在工作票上签字。

（五）人员分工

（1）工作负责人1名，负责工作组织、监护。

（2）塔上作业人员4名，负责挂设个人保安线、地线接地线、更换耐张线夹、液压操作等。

（3）地面作业人员6名，负责配合传递工器具、材料。

（4）塔上监护人员1名，负责塔上专人监护。

（六）安全措施及注意事项

（1）严格执行工作票制度，以及停电、验电、挂接地线的安全技术措施，做好防静电感应措施。

（2）主要承力工具应根据地线张力荷载核验，严禁以小代大。

(3) 同塔架设多回线路进行作业时，杆上作业人员应穿全套静电感应防护服，严禁进入带电侧横担，严重在带电侧横担上放置任何物件，作业人员活动范围及其所携带或使用的工具、材料等，与带电体最小距离不得小于9.5m，传递物品时应使用绝缘无极绳索，风力应不大于5级，并有专人监护。

(4) 攀登杆塔时，注意检查脚钉是否齐全牢固可靠，在杆塔上作业时，必须系好安全带；下导线作业时安全带应系在杆塔横担上或使用速差自控器，应防止安全带被锋利物割伤。系好安全带后必须检查扣环是否扣牢。杆塔上转移作业位置时，不得失去安全带保护。

(5) 杆塔上作业人员要防止落物，所使用的工器具、材料等应装在工具袋里，并用绳索传递，不得抛扔，绳扣要绑扎牢固，人员不得在作业点下方逗留或经过。

(6) 现场人员必须戴好安全帽，塔上作业人员必须使用个人保安线。

(7) 检查现场的安全工器具、劳动保护是否符合规程要求，钢丝套与铁塔等连接部位应用麻袋或导木衬垫，软梯挂上铁塔后，对于软梯悬挂情况进行认真检查核对，杆上作业人员屏蔽服接头连接需可靠。

(8) 收紧地线前必须做好防止地线脱落的保护措施，并对连接情况进行检查，收紧地线后对各受力点进行检查。

(9) 遵守《国家电网公司电力安全工作规程》（线路部分）中其他相关规定。

（七）作业内容和工艺标准

(1) 工作许可：①向调度值班员或工区值班员办理停电许可手续；②工作负责人将许可停电的时间、许可人记录在工作票，并签名。

(2) 核对现场：①由登塔人员核对线路双重命名、杆塔号，工作负责人（监护人）确认；②由工作负责人（监护人）核对现场情况；③工作负责人在开工前召集工作人员召开现场班前会，再次交待工作任务、安全措施，检查工器具是否完备和人员精神状况是否良好。

(3) 登塔：登塔前正确佩戴个人安全用具，杆塔有防坠装置的，应使用防坠装置，登塔过程中，双手不得携带物品。杆塔上人员，必须正确使用安全带（绳），在杆塔上作业转位时，不得失去安全带（绳）保护。

(4) 验电接地：①验电应使用相应电压等级、合格的接触式验电器；②验电时人体应与被验电设备保持9.5m（1000kV）以上的安全距离，并设专人监护，使用伸缩式验电器时应保证绝缘的有效长度；③线路经验明确无电压后，应立即在每相装设接地线，挂接地线应在监护下进行；④接地线应用有透明护套的多股软铜线组成，其截面不得小于25mm²，接地线应使用专用的线夹固定在导线上，严禁用缠绕的方法进行接地或短路；⑤装设接地线应先接接地端，后接导线端，接地线应接触良好，连接可靠，装接地线均应使用绝缘棒或专用的绝缘绳，人体不得碰触接地线或未接地的导线；⑥个人保安线应在杆塔上接触或接近导线的作业开始前挂接，作业结束脱离导线后拆除。装设时，应先接接地端，后接导线端，且接触良好，连接可靠。拆除个人保安线的顺序与此相反。个人保安线由作业人员负责自行装、拆；⑦个人保安线应使用有透明护套的多股软铜线，截面积不准小于 $16mm^2$，且应带有绝缘手柄或绝缘部件。禁止用个人保安线代替接地线。

（5）工器具传递：①传递工器具绳扣应正确可靠，塔上人员应防止高空落物；②杆塔上、下作业人员应密切配合。

（6）更换耐张线夹：①过轮临锚对地夹角不宜大于 25°；②转移位置时，不得失去安全带的保护；③锚线位置：以能将地线切除 15m 后可以在导线上压接为宜；④切除地线位置从耐张线夹管口算起 16m；⑤如有地线接地线，引流板光面对耐张线夹的光面，中间需加导电脂；⑥金具螺丝穿入方向符合工艺规范要求。

（7）拆除接地线：①接地线、工具、更换下的绝缘子齐全并与作业前数量相符；②拆除接地线应先拆导线端，后拆接地端，拆装接地线均应使用绝缘棒或专用的绝缘绳，人体不得碰触接地线或未接地的导线；③接地线拆除后，应即认为线路带电，不准任何人再进行工作。

（8）下塔：①确认杆塔上无遗留物；②下塔时，必须戴安全帽，杆塔有防坠装置的，应使用防坠装置，下塔过程中，双手不得携带物品；③监护人专责监护。

（9）工作终结：确认工器具均已收齐，工作现场做到"工完、料净、场地清"。

（10）自检记录：①更换的零部件；②发现的问题及处理情况；③验收结论。

（八）作业布置示意图

更换地线耐张线夹作业布置示意图，如图 6-6 所示。

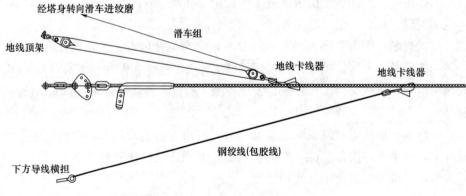

图 6-6　更换地线耐张线夹作业布置示意图

三、更换导线悬垂线夹

（一）作业人员配备

共 9 人：工作负责人 1 名，塔上作业人员 3 名，地面作业人员 4 名，塔上监护人 1 名。

（二）主要工器具配备

（1）安全用具分别为个人保安线、攀登自锁器。

（2）承力工器具分别为链条葫芦、传递绳、传递滑车、钢丝绳、卸扣、二线提升器、专用套筒、后备保护绳（迪尼玛）。

工器具机械强度应满足安规要求，周期预防性检查试验合格，不得以小代大，工器具的配备应根据线路实际情况进行调整。

（三）工作前准备

（1）相关资料。查找图纸资料，明确杆塔塔型、呼高、导线型号、张力、档距、悬垂串串型、各金具型号等。

（2）危险点分析预控。

1）误登杆塔：登塔前必须仔细核对线路双重命名、杆塔号，确认无误后方可上塔。同塔双回线路登杆至横担处时，应再次核对停电线路的识别标记，确认无误后方可进入停电线路侧横担。

2）触电伤害：未仔细核对线路双重命名或未经验电，或未挂接地线进行作业可能发生触电；同塔多回线路单回停电时，应使用绝缘传递绳、防潮垫、静电防护服等防静电感应措施，作业人员活动范围及其所携带使用的工具、材料等，与带电导线最小安全距离不得小于 9.5m；邻近带电线路应使用绝缘绳索传递物品，作业人员应将金属物品接地后再接触，以防电击。

3）高空坠落：攀登杆塔时应正确使用攀登自锁防坠装置，检查脚钉是否松动，抓稳踏牢，安全带应系在牢固构件上并检查扣环是否扣好，杆塔上作业转位时不得失去保护；上、下杆塔及塔上转位过程中，手上不得带工具物品等。

4）高空落物：现场人员应正确佩戴安全帽；应避免高空落物，严禁将物品浮搁在塔上；使用工具、材料等应用绳索传递，严禁抛扔，并应检查传递滑轮及绑扎等连接部位的受力情况；地面人员不得在作业点正下方逗留。

5）导线脱落：收紧导线前必须做好导线脱落的保护措施。

6）其他：根据现场实际情况，补充必要的危险点分析和预控内容。

（四）三交三查

（1）工作前，工作负责人检查工作票所列安全措施是否正确完备和工作许可人所做的安全措施是否符合现场实际条件，必要时予以补充。工作负责人应召集工作班成员进行"三交三查"，包括交代工作任务、安全措施和技术措施，进行危险点告知；检查人员衣着、精神状况和"安全三宝"。

（2）全体工作班成员明确工作任务、安全措施、技术措施和危险点后在工作票上签字。

（五）人员分工

（1）工作负责人1名，负责工作组织、监护。

（2）塔上作业人员3名，负责挂设个人保安线和更换处理悬垂线夹。

（3）地面作业人员4名，负责配合传递工器具、材料。

（4）塔上监护人1名，负责塔上专人监护。

（六）安全措施及注意事项

（1）严格执行工作票制度，以及停电、验电、挂接地线的安全技术措施，做好防静电感应措施。

（2）主要承力工具应根据垂直荷载核验，严禁以小代大。

（3）同塔架设多回线路进行作业时，杆上作业人员应穿全套静电感应防护服，严禁进入带电侧横担，严重在带电侧横担上放置任何物件，作业人员活动范围及其所携带或使用的工具、材料等，与带电体最小距离不得小于 9.5m，传递物品时应使用绝缘无极绳索，风力应不大于 5 级，并有专人监护。

（4）攀登杆塔时，注意检查脚钉是否齐全牢固可靠，在杆塔上作业时，必须系好安全带；下导线作业时安全带应系在杆塔横担上或使用速差自控器，应防止安全带被锋利物割伤。系好安全带后必须检查扣环是否扣牢。杆塔上转移作业位置时，不得失去安全带保护。

（5）杆塔上作业人员要防止落物，所使用的工器具、材料等应装在工具袋里，并用绳索传递，不得抛扔，绳扣要绑扎牢固，人员不得在作业点下方逗留或经过；现场作业区域必须设置围栏。

（6）现场人员必须戴好安全帽，杆上作业人员必须使用个人保安线。

（7）检查现场的安全工器具、劳动保护是否符合规程要求，钢丝套与铁塔、金具连接部位应用麻袋或导木衬垫，软梯挂上铁塔后，对于软梯悬挂情况进行认真检查核对。

（8）提升导线前必须做好防止导线脱落的保护措施。

（9）遵守《国家电网公司电力安全工作规程》（线路部分）中其他相关规定。

（七）作业内容和工艺标准

（1）工作许可：①向调度值班员或工区值班员办理停电许可手续；②工作负责人将许可停电的时间、许可人记录在工作票，并签名。

（2）核对现场：①由登塔人员核对线路双重命名、杆塔号，工作负责人（监护人）确认；②由工作负责人（监护人）核对现场情况；③工作负责人在开工前召集工作人员召开现场班前会，再次交待工作任务、安全措施，检查工器具是否完备和人员精神状况是否良好。

（3）登塔：登塔前正确佩戴个人安全用具，杆塔有防坠装置的，应使用防坠装置，登塔过程中，双手不得携带物品。杆塔上人员，必须正确使用安全带（绳），在杆塔上作业转位时，不得失去安全带（绳）保护。

（4）验电接地：①验电应使用相应电压等级、合格的接触式验电器；②验电时人体应与被验电设备保持 9.5m（1000kV）以上的安全距离，并设专人监护，使用伸缩式验电器时应保证绝缘的有效长度；③线路经验明确无电压后，应立即在每相装设接地线，挂接地线应在监护下进行；④接地线应用有透明护套的多股软铜线组成，其截面不得小于 25mm²，接地线应使用专用的线夹固定在导线上，严禁用缠绕的方法进行接地或短路；⑤装设接地线应先接接地端，后接导线端，接地线应接触良好，连接可靠，装接地线均应使用绝缘棒或专用的绝缘绳，人体不得碰触接地线或未接地的导线；⑥个人保安线应在杆塔上接触或接近导线的作业开始前挂接，作业结束脱离导线后拆除。装设时，应先接接地端，后接导线端，且接触良好，连接可靠。拆除个人保安线的顺序与此相反。个人保安线由作业人员负责自行装、拆；⑦个人保安线应使用有透明护套的多股软铜线，截面积不准小于 16mm²，且应带有绝缘手柄或绝缘部件。禁止用个人保安线代替接地线。

（5）工器具传递：①传递工器具绳扣应正确可靠，塔上人员应防止高空落物；②杆塔上、下作业人员应密切配合。

（6）更换导线悬垂线夹：①攀登杆塔注意稳上稳下；②安全带保险绳要系在杆塔横担上；③转移位置时，不得失去安全带的保护；④在工作中使用的工具、材料必须用绳索传递，不得抛扔；⑤高空作业人员带传递绳移位时地面人员应精力集中注意配合；⑥销钉及螺栓的穿入方向与旧直线悬垂线夹的穿入方向一致，弹性闭口销垂直穿者一律由上向下，不得用线材代替闭口销，直线悬垂线夹应与导线垂直，螺栓应收紧。

（7）拆除接地线：①接地线、工具、更换下的绝缘子齐全并与作业前数量相符；②拆除接地线应先拆导线端，后拆接地端，拆装接地线均应使用绝缘棒或专用的绝缘绳，人体不得碰触接地线或未接地的导线；③接地线拆除后，应即认为线路带电，不准任何人再进行工作。

（8）下塔：①确认杆塔上无遗留物；②下塔时，必须戴安全帽，杆塔有防坠装置的，应使用防坠装置，下塔过程中，双手不得携带物品；③监护人专责监护。

（9）工作终结：确认工器具均已收齐，工作现场做到"工完、料净、场地清"。

（10）自检记录：①更换的零部件；②发现的问题及处理情况；③验收结论。

（八）作业布置示意图

更换导线悬垂线夹作业布置示意图，如图6-7所示。

四、更换地线悬垂线夹

（一）作业人员配备

共6人：工作负责人1名，塔上作业人员2名，地面作业人员2名，塔上监护人1名。

（二）主要工器具配备

（1）安全用具分别为个人保安线、攀登自锁器。

（2）承力工器具分别为链条葫芦、传递绳、传递滑车、滑车、钢丝绳、卸扣、提升钩、后备保护绳（迪尼玛）。

工器具机械强度应满足安规要求，周期预防性检查试验合格，不得以小代大，工器具的配备应根据线路实际情况进行调整。

（三）工作前准备

（1）相关资料。查找图纸资料，明确杆塔塔型、呼高、地线型号、档距、悬垂串串型、各金具型号等。

（2）危险点分析预控。

1）误登杆塔：登塔前必须仔细核对线路双重命名、杆塔号，确认无误后方可上塔。

图6-7　更换导线悬垂线夹作业布置示意图

同塔双回线路登杆至横担处时，应再次核对停电线路的识别标记，确认无误后方可进入停电线路侧横担。

2）触电伤害：未仔细核对线路双重命名或未经验电，或未挂接地线进行作业可能发生触电；同塔多回线路单回停电时，应使用绝缘传递绳、防潮垫、静电防护服等防静电感应措施，作业人员活动范围及其所携带使用的工具、材料等，与带电导线最小安全距离不得小于9.5m；邻近带电线路应使用绝缘绳索传递物品，作业人员应将金属物品接地后再接触，以防电击。

3）高空坠落：攀登杆塔时应正确使用攀登自锁防坠装置，检查脚钉是否松动，抓稳踏牢，安全带应系在牢固构件上并检查扣环是否扣好，杆塔上作业转位时不得失去保护；上、下杆塔及塔上转位过程中，手上不得带工具物品等。

4）高空落物：现场人员应正确佩戴安全帽；应避免高空落物，严禁将物品浮搁在塔上；使用工具、材料等应用绳索传递，严禁抛扔，并应检查传递滑轮及绑扎等连接部位的受力情况；地面人员不得在作业点正下方逗留。

5）地线脱落：提升地线前，应做好防止地线脱落的后备保护措施。

6）其他：根据现场实际情况，补充必要的危险点分析和预控内容。

（四）三交三查

（1）工作前，工作负责人检查工作票所列安全措施是否正确完备和工作许可人所做的安全措施是否符合现场实际条件，必要时予以补充。工作负责人应召集工作班成员进行"三交三查"，包括交代工作任务、安全措施和技术措施，进行危险点告知；检查人员衣着、精神状况和"安全三宝"。

（2）全体工作班成员明确工作任务、安全措施、技术措施和危险点后在工作票上签字。

（五）人员分工

（1）工作负责人1名，负责工作组织、监护。

（2）塔上作业人员2名，负责更换地线悬垂线夹。

（3）地面作业人员2名，负责配合传递工器具。

（4）塔上监护人1名，负责塔上专人监护。

（六）安全措施及注意事项

（1）严格执行工作票制度，以及停电、验电、挂接地线的安全技术措施，做好防静电感应措施。

（2）主要承力工具应根据垂直荷载核验，严禁以小代大。

（3）同塔架设多回线路进行作业时，杆上作业人员应穿全套静电感应防护服，严禁进入带电侧横担，严重在带电侧横担上放置任何物件，作业人员活动范围及其所携带或使用的工具、材料等，与带电体最小距离不得小于9.5m，传递物品时应使用绝缘无极绳索，风力应不大于5级。

（4）攀登杆塔时，注意检查脚钉是否齐全牢固可靠，在杆塔上作业时，必须系好安全带；地线上作业时安全带应系在杆塔横担上或使用速差自控器，应防止安全带被锋利物割伤。系好安全带后必须检查扣环是否扣牢。杆塔上转移作业位置时，不得失去安全带保护。

（5）杆塔上作业人员要防止落物，所使用的工器具、材料等应装在工具袋里，并用绳索传递，不得抛扔，绳扣要绑扎牢固，人员不得在作业点下方逗留或经过；现场作业区域必须设置围栏。

（6）检查现场的安全工器具、劳动保护是否符合规程要求，钢丝套与铁塔、金具连接部位应用麻袋等软物衬垫。

（7）现场人员必须戴好安全帽，杆上作业人员或器具接触地线前必须先将其可靠接地。

（8）提升地线前必须做好防止地线脱落的保护措施。

（9）遵守《国家电网公司电力安全工作规程》（线路部分）中其他相关规定。

（七）作业内容和工艺标准

（1）工作许可：①向调度值班员或工区值班员办理停电许可手续；②工作负责人将许可停电的时间、许可人记录在工作票，并签名。

（2）核对现场：①由登塔人员核对线路双重命名、杆塔号，工作负责人（监护人）确认；②由工作负责人（监护人）核对现场情况；③工作负责人在开工前召集工作人员召开现场班前会，再次交待工作任务、安全措施，检查工器具是否完备和人员精神状况是否良好。

（3）登塔：登塔前正确佩戴个人安全用具，杆塔有防坠装置的，应使用防坠装置，登塔过程中，双手不得携带物品。杆塔上人员，必须正确使用安全带（绳），在杆塔上作业转位时，不得失去安全带（绳）保护。

（4）验电接地：①验电应使用相应电压等级、合格的接触式验电器；②验电时人体应与被验电设备保持 9.5m（1000kV）以上的安全距离，并设专人监护，使用伸缩式验电器时应保证绝缘的有效长度；③线路经验明确无电压后，应立即在每相装设接地线，挂接地线应在监护下进行；④接地线应用有透明护套的多股软铜线组成，其截面不得小于 25mm²，接地线应使用专用的线夹固定在导线上，严禁用缠绕的方法进行接地或短路；⑤装设接地线应先接接地端，后接导线端，接地线应接触良好，连接可靠，装接地线均应使用绝缘棒或专用的绝缘绳，人体不得碰触接地线或未接地的导线；⑥个人保安线应在杆塔上接触或接近导线的作业开始前挂接，作业结束脱离导线后拆除。装设时，应先接接地端，后接导线端，且接触良好，连接可靠。拆除个人保安线的顺序与此相反。个人保安线由作业人员负责自行装、拆；⑦个人保安线应使用有透明护套的多股软铜线，截面积不准小于 16mm²，且应带有绝缘手柄或绝缘部件。禁止用个人保安线代替接地线。

（5）更换地线悬垂线夹：①攀登杆塔注意稳上稳下；②安全带保险绳要系的杆塔横担上；③转移位置时，不得失去安全带的保护；④在工作中使用的工具、材料必须用绳索传递，不得抛扔；⑤高空作业人员带传递绳移位时地面人员应精力集中注意配合；⑥销钉及螺栓的穿入方向与旧直线悬垂线夹的穿入方向一致，弹性闭口销垂直穿者一律由上向下，不得用线材代替闭口销，直线悬垂线夹应与导线垂直，螺栓应收紧。

（6）拆除接地线：①接地线、工具、更换下的绝缘子齐全并与作业前数量相符；②拆除接地线应先拆导线端，后拆接地端，拆装接地线均应使用绝缘棒或专用的绝缘绳，人体不得碰触接地线或未接地的导线；③接地线拆除后，应即认为线路带电，不准任何人再进行工作。

（7）下塔：①确认杆塔上无遗留物；②下塔时，必须戴安全帽，杆塔有防坠装置的，应使用防坠装置，下塔过程中，双手不得携带物品；③监护人专责监护。

（8）工作终结：确认工器具均已收齐，工作现场做到"工完、料净、场地清"。

（9）自检记录：①更换的零部件；②发现的问题及处理情况；③验收结论。

五、更换防振锤

（一）作业人员配备

共6人：工作负责人1名，塔上作业人员2名，地面配合人员2名，塔上监护人1名。

（二）主要工器具配备

（1）安全用具分别为个人保安线、攀登自锁器、专用扳手、软梯。

（2）承力工器具分别为传递绳、传递滑车。

工器具机械强度应满足安规要求，周期预防性检查试验合格，不得以小代大，工器具的配备应根据线路实际情况进行调整。

（三）工作前准备

（1）相关资料。查找待调整或更换防振锤的相关资料，明确塔型、呼高、导地线型号、金具串形式、绝缘子、防振锤型号等。

（2）危险点分析预控。

1）误登杆塔：登塔前必须仔细核对线路双重命名、杆塔号，确认无误后方可上塔。同塔双回线路登杆至横担处时，应再次核对停电线路的识别标记，确认无误后方可进入停电线路侧横担。

2）触电伤害：未仔细核对线路双重命名或未经验电，或未挂接地线进行作业可能发生触电；同塔多回线路单回停电时，应使用绝缘传递绳、防潮垫、静电防护服等防静电感应措施，作业人员活动范围及其所携带使用的工具、材料等，与带电导线最小安全距离不得小于9.5m；邻近带电线路应使用绝缘绳索传递物品，作业人员应将金属物品接地后再接触，以防电击。

3）高空坠落：攀登杆塔时应正确使用攀登自锁防坠装置，检查脚钉是否松动，抓稳踏牢，安全带应系在牢固构件上并检查扣环是否扣好，杆塔上作业转位时不得失去保护；上、下杆塔及塔上转位过程中，手上不得带工具物品等。

4）高空落物：现场人员应正确佩戴安全帽；应避免高空落物，严禁将物品浮搁在塔上；使用工具、材料等应用绳索传递，严禁抛掷，并应检查传递滑轮及绑扎等连接部位的受力情况；地面人员不得在作业点正下方逗留。

5）其他：根据现场实际情况，补充必要的危险点分析和预控内容。

（四）三交三查

（1）工作前，工作负责人检查工作票所列安全措施是否正确完备和工作许可人所做的安全措施是否符合现场实际条件，必要时予以补充。工作负责人应召集工作班成员进行"三交三查"，包括交代工作任务、安全措施和技术措施，进行危险点告知；检查人员衣着、精神状况和"安全三宝"。

（2）全体工作班成员明确工作任务、安全措施、技术措施和危险点后在工作票上签字。

（五）人员分工

（1）工作负责人1名，负责工作组织、监护。

（2）塔上作业人员2名，负责挂设个人保安线、挂设软梯、调整或更换防振锤等。

（3）地面作业人员2名，负责传递工器具。

（4）塔上监护人1名，负责塔上专人监护。

（六）安全措施及注意事项

（1）严格执行工作票制度，以及停电、验电、挂接地线的安全技术措施，做好防静电感应措施。

（2）同塔架设多回线路进行作业时，杆上作业人员应正确穿戴全套静电感应防护服，严禁进入带电侧横担，严重在带电侧横担上放置任何物件，作业人员活动范围及其所携带或使用的工具、材料等，与带电体最小距离不得小于9.5m，传递物品时应使用绝缘无极绳索，风力应不大于5级。

（3）攀登杆塔时，注意检查脚钉是否齐全牢固可靠，在杆塔上作业时，必须系好安全带；下导线作业时安全带应系在杆塔横担上或使用速差自控器，应防止安全带被锋利物割伤。系好安全带后必须检查扣环是否扣牢。杆塔上转移作业位置时，不得失去安全带保护。

（4）杆塔上作业人员要防止落物，所使用的工器具、材料等应装在工具袋里，并用绳索传递，不得抛扔，绳扣要绑扎牢固，人员不得在作业点下方逗留或经过。

（5）现场人员必须戴好安全帽，杆上作业人员必须使用个人保安线，必要时可增设塔上监护人。

（6）遵守《国家电网公司电力安全工作规程》（线路部分）中其他相关规定。

（七）作业内容和工艺标准

（1）工作许可：①向调度值班员或工区值班员办理停电许可手续；②工作负责人将许可停电的时间、许可人记录在工作票，并签名。

（2）核对现场：①由登塔人员核对线路双重命名、杆塔号，工作负责人（监护人）确认；②由工作负责人（监护人）核对现场情况；③工作负责人在开工前召集工作人员召开现场班前会，再次交待工作任务、安全措施，检查工器具是否完备和人员精神状况是否良好。

（3）登塔：登塔前正确佩戴个人安全用具，杆塔有防坠装置的，应使用防坠装置，登塔过程中，双手不得携带物品。杆塔上人员，必须正确使用安全带（绳），在杆塔上作业转位时，不得失去安全带（绳）保护。

（4）验电接地：①验电应使用相应电压等级、合格的接触式验电器；②验电时人体应与被验电设备保持 9.5m（1000kV）以上的安全距离，并设专人监护，使用伸缩式验电器时应保证绝缘的有效长度；③线路经验明确无电压后，应立即在每相装设接地线，挂接地线应在监护下进行；④接地线应用有透明护套的多股软铜线组成，其截面不得小于 $25mm^2$，接地线应使用专用的线夹固定在导线上，严禁用缠绕的方法进行接地或短路；⑤装设接地线应先接接地端，后接导线端，接地线应接触良好，连接可靠，装接地线均应使用绝缘棒或专用的绝缘绳，人体不得碰触接地线或未接地的导线；⑥个人保安线应在杆塔上接触或接近导线的作业开始前挂接，作业结束脱离导线后拆除。装设时，应先接接地端，后接导线端，且接触良好，连接可靠。拆除个人保安线的顺序与此相反。个人保安线由作业人员负责自行装、拆；⑦个人保安线应使用有透明护套的多股软铜线，截面积不准小于 $16mm^2$，且应带有绝缘手柄或绝缘部件。禁止用个人保安线代替接地线。

（5）调整或更换防振锤：①绝缘子为复合绝缘子时应用软梯上下，严禁踩踏复合绝缘子；②转移位置时，不得失去保护；③新安装的防振锤应满足工艺规范要求。

（6）拆除接地线：①接地线、工具、更换下的绝缘子齐全并与作业前数量相符；②拆除接地线应先拆导线端，后拆接地端，拆装接地线均应使用绝缘棒或专用的绝缘绳，人体不得碰触接地线或未接地的导线；③接地线拆除后，应即认为线路带电，不准任何人再进行工作。

（7）下塔：①确认杆塔上无遗留物；②下塔时，必须戴安全帽，杆塔有防坠装置的，应使用防坠装置，下塔过程中，双手不得携带物品；③监护人专责监护。

（8）工作终结：确认工器具均已收齐，工作现场做到"工完、料净、场地清"。

（9）自检记录：①更换的零部件；②发现的问题及处理情况；③验收结论。

六、更换均压环、屏蔽环等金具

（一）作业人员配备

共6人：工作负责人1名，塔上作业人员2名，地面作业人员2名，塔上监护人1名。

（二）主要工器具配备

（1）安全用具分别为个人保安线、攀登自锁器、软梯。

（2）承力工器具分别为传递绳、传递滑车。

工器具机械强度应满足安规要求，周期预防性检查试验合格，不得以小代大，工器具的配备应根据线路实际情况进行调整。

（三）工作前准备

（1）相关资料。

查找待检查更换的绝缘子串金具的相关资料，内容包括所在金具型号等。

（2）危险点分析预控。

1）误登杆塔：登塔前必须仔细核对线路双重命名、杆塔号，确认无误后方可上塔。同塔双回线路登杆至横担处时，应再次核对停电线路的识别标记，确认无误后方可进入停电线路侧横担。

2）触电伤害：未仔细核对线路双重命名或未经验电，或未挂接地线进行作业可能发生触电；同塔多回线路单回停电时，应使用绝缘传递绳、防潮垫、静电防护服等防静电感应措施，作业人员活动范围及其所携带使用的工具、材料等，与带电导线最小安全距离不得小于 9.5m；邻近带电线路应使用绝缘绳索传递物品，作业人员应将金属物品接地后再接触，以防电击。

3）高空坠落：攀登杆塔时应正确使用攀登自锁防坠装置，检查脚钉是否松动，抓稳踏牢，安全带应系在牢固构件上并检查扣环是否扣好，杆塔上作业转位时不得失去保护；上、下杆塔及塔上转位过程中，手上不得带工具物品等。

4）高空落物：现场人员应正确佩戴安全帽；应避免高空落物，严禁将物品浮搁在塔上；使用工具、材料等应用绳索传递，严禁抛掷，并应检查传递滑轮及绑扎等连接部位的受力情况；地面人员不得在作业点正下方逗留。

5）其他：根据现场实际情况，补充必要的危险点分析和预控内容。

（四）三交三查

（1）工作前，工作负责人检查工作票所列安全措施是否正确完备和工作许可人所做的安全措施是否符合现场实际条件，必要时予以补充。工作负责人应召集工作班成员进行"三交三查"，包括交代工作任务、安全措施和技术措施，进行危险点告知；检查人员衣着、精神状况和"安全三宝"。

（2）全体工作班成员明确工作任务、安全措施、技术措施和危险点后在工作票上签字。

（五）人员分工

（1）工作负责人 1 名，负责工作组织、监护。

（2）塔上作业人员 2 名，负责挂设个人保安线、更换及修复均压环、屏蔽环。

（3）地面作业人员 2 名，负责传递工器具。

（4）塔上监护人 1 名，负责塔上专人监护。

（六）安全措施及注意事项

（1）严格执行工作票制度，以及停电、验电、挂接地线的安全技术措施。

（2）攀登杆塔时，注意检查脚钉是否齐全牢固可靠，在杆塔上作业时，必须系好安全带；下导线人员必须使用长腰绳。

（3）安全带应系在杆塔横担上，应防止安全带被锋利物割伤。系好安全带后必须检查扣环是否扣牢。杆塔上转移作业位置时，不得失去安全带保护。

（4）杆塔上作业人员要防止掉东西，所使用的工器具、材料等应装在工具袋里。并用绳索传递，不得乱扔，绳扣要绑牢，传递人员应离开重物下方，杆塔下及作业点下方禁止人员接近或停留；现场作业区域必须设置围栏。

（5）现场人员必须戴好安全帽，杆上作业人员必须使用个人保安线。

（6）遵守《国家电网公司电力安全工作规程》（线路部分）中其他相关规定。

（七）作业内容和工艺标准

（1）工作许可：①向调度值班或工区值班员办理停电许可手续；②工作负责人将

许可停电的时间、许可人记录在工作票，并签名。

（2）核对现场：①由登塔人员核对线路双重命名、杆塔号，工作负责人（监护人）确认；②由工作负责人（监护人）核对现场情况；③工作负责人在开工前召集工作人员召开现场班前会，再次交待工作任务、安全措施，检查工器具是否完备和人员精神状况是否良好。

（3）登塔：登塔前正确佩戴个人安全用具，杆塔有防坠装置的，应使用防坠装置，登塔过程中，双手不得携带物品。杆塔上人员，必须正确使用安全带（绳），在杆塔上作业转位时，不得失去安全带（绳）保护。

（4）验电接地：①验电应使用相应电压等级、合格的接触式验电器；②验电时人体应与被验电设备保持 9.5m（1000kV）以上的安全距离，并设专人监护，使用伸缩式验电器时应保证绝缘的有效长度；③线路经验明确无电压后，应立即在每相装设接地线，挂接地线应在监护下进行；④接地线应用有透明护套的多股软铜线组成，其截面不得小于 25mm²，接地线应使用专用的线夹固定在导线上，严禁用缠绕的方法进行接地或短路；⑤装设接地线应先接接地端，后接导线端，接地线应接触良好，连接可靠，装接地线均应使用绝缘棒或专用的绝缘绳，人体不得碰触接地线或未接地的导线；⑥个人保安线应在杆塔上接触或接近导线的作业开始前挂接，作业结束脱离导线后拆除。装设时，应先接接地端，后接导线端，且接触良好，连接可靠。拆除个人保安线的顺序与此相反。个人保安线由作业人员负责自行装、拆；⑦个人保安线应使用有透明护套的多股软铜线，截面积不准小于 16mm²，且应带有绝缘手柄或绝缘部件。禁止用个人保安线代替接地线。

（5）工器具传递：①传递工器具绳扣应正确可靠，塔上人员应防止高空落物；②杆塔上、下作业人员应密切配合。

（6）更换及修复均压环、屏蔽环等金具：①安全带保险绳要系在杆塔横担上；②转移位置时，不得失去安全带的保护；③销钉的穿入方向与旧金具的穿入方向一致，弹性闭口销垂直穿者一律由上向下，不得用线材代替闭口销。

（7）拆除接地线：①接地线、工具、更换下的绝缘子齐全并与作业前数量相符；②拆除接地线应先拆导线端，后拆接地端，拆装接地线均应使用绝缘棒或专用的绝缘绳，人体不得碰触接地线或未接地的导线；③接地线拆除后，应即认为线路带电，不准任何人再进行工作。

（8）下塔：①确认杆塔上无遗留物；②下塔时，必须戴安全帽，杆塔有防坠装置的，应使用防坠装置，下塔过程中，双手不得携带物品；③监护人专责监护。

（9）工作终结：确认工器具均已收齐，工作现场做到"工完、料净、场地清"。

（10）自检记录：①更换的零部件；②发现的问题及处理情况；③验收结论。

七、更换间隔棒

（一）作业人员配备

共 6 人：工作负责人 1 名，塔上作业人员 2 名，地面作业人员 2 名，塔上监护人 1 名。

（二）主要工器具配备

（1）安全用具分别为个人保安线、攀登自锁器、软梯。

（2）承力工器具分别为传递绳、传递滑车、拆/装间隔棒工具。

工器具机械强度应满足安规要求，周期预防性检查试验合格，不得以小代大，工器具的配备应根据线路实际情况进行调整。

（三）工作前准备

（1）相关资料。

查阅图纸资料，明确塔型、呼高、导线型号、金具串形式、绝缘子、防振锤型号等。

（2）危险点分析预控。

1）误登杆塔：登塔前必须仔细核对线路双重命名、杆塔号，确认无误后方可上塔。同塔双回线路登杆至横担处时，应再次核对停电线路的识别标记，确认无误后方可进入停电线路侧横担。

2）触电伤害：未仔细核对线路双重命名或未经验电，或未挂接地线进行作业可能发生触电；同塔多回线路单回停电时，应使用绝缘传递绳、防潮垫、静电防护服等防静电感应措施，作业人员活动范围及其所携带使用的工具、材料等，与带电导线最小安全距离不得小于 9.5m；邻近带电线路应使用绝缘绳索传递物品，作业人员应将金属物品接地后再接触，以防电击。

3）高空坠落：攀登杆塔时应正确使用攀登自锁防坠装置，检查脚钉是否松动，抓稳踏牢，安全带应系在牢固构件上并检查扣环是否扣好，杆塔上作业转位时不得失去保护；上、下杆塔及塔上转位过程中，手上不得带工具物品等。

4）高空落物：现场人员应正确佩戴安全帽；应避免高空落物，严禁将物品浮搁在塔上；使用工具、材料等应用绳索传递，严禁抛扔，并应检查传递滑轮及绑扎等连接部位的受力情况；地面人员不得在作业点正下方逗留。

5）其他：根据现场实际情况，补充必要的危险点分析和预控内容。

（四）三交三查

（1）工作前，工作负责人检查工作票所列安全措施是否正确完备和工作许可人所做的安全措施是否符合现场实际条件，必要时予以补充。工作负责人应召集工作班成员进行"三交三查"，包括交代工作任务、安全措施和技术措施，进行危险点告知；检查人员衣着、精神状况和"安全三宝"。

（2）全体工作班成员明确工作任务、安全措施、技术措施和危险点后在工作票上签字。

（五）人员分工

（1）工作负责人1名，负责工作组织、监护。

（2）塔上作业人员2名，负责挂设个人保安线和修复、更换间隔棒。

（3）地面作业人员2名，负责配合传递工器具。

（4）塔上监护人1名，负责塔上专人监护。

（六）安全措施及注意事项

（1）严格执行工作票制度，以及停电、验电、挂接地线的安全技术措施，做好防静电感应措施。

(2) 同塔架设多回线路进行作业时，杆上作业人员应正确穿戴全套静电感应防护服，严禁进入带电侧横担，严重在带电侧横担上放置任何物件，作业人员活动范围及其所携带或使用的工具、材料等，与带电体最小距离不得小于 9.5m，传递物品时应使用绝缘无极绳索，风力应不大于 5 级。

(3) 攀登杆塔时，注意检查脚钉是否齐全牢固可靠，在杆塔上作业时，必须系好安全带；下导线作业时安全带应系在杆塔横担上或使用速差自控器，应防止安全带被锋利物割伤。系好安全带后必须检查扣环是否扣牢。杆塔上转移作业位置时，不得失去安全带保护。

(4) 杆塔上作业人员要防止落物，所使用的工器具、材料等应装在工具袋里，并用绳索传递，不得抛扔，绳扣要绑扎牢固，人员不得在作业点下方逗留或经过。

(5) 走线人员应正确使用长、短两根安全绳，走线时，两脚应踩在同一根子导线上，走线过程中不得失去保护。

(6) 现场人员必须戴好安全帽，检查现场的安全工器具、劳动保护是否符合规程要求，软梯挂上铁塔后，对于软梯悬挂情况进行认真检查核对，杆上作业人员必须使用个人保安线。

(7) 遵守《国家电网公司电力安全工作规程》（线路部分）中其他相关规定。

(七) 作业内容和工艺标准

(1) 工作许可：①向调度值班员或工区值班员办理停电许可手续；②工作负责人将许可停电的时间、许可人记录在工作票，并签名。

(2) 核对现场：①由登塔人员核对线路双重命名、杆塔号，工作负责人（监护人）确认；②由工作负责人（监护人）核对现场情况；③工作负责人在开工前召集工作人员召开现场班前会，再次交待工作任务、安全措施，检查工器具是否完备和人员精神状况是否良好。

(3) 登塔：登塔前正确佩戴个人安全用具，杆塔有防坠装置的，应使用防坠装置，登塔过程中，双手不得携带物品。杆塔上人员，必须正确使用安全带（绳），在杆塔上作业转位时，不得失去安全带（绳）保护。

(4) 验电接地：①验电应使用相应电压等级、合格的接触式验电器；②验电时人体应与被验电设备保持 9.5m（1000kV）以上的安全距离，并设专人监护，使用伸缩式验电器时应保证绝缘的有效长度；③线路经验明确无电压后，应立即在每相装设接地线，挂接地线应在监护下进行；④接地线应用有透明护套的多股软铜线组成，其截面不得小于 $25mm^2$，接地线应使用专用的线夹固定在导线上，严禁用缠绕的方法进行接地或短路；⑤装设接地线应先接接地端，后接导线端，接地线应接触良好，连接可靠，装接地线均应使用绝缘棒或专用的绝缘绳，人体不得碰触接地线或未接地的导线；⑥个人保安线应在杆塔上接触或接近导线的作业开始前挂接，作业结束脱离导线后拆除。装设时，应先接接地端，后接导线端，且接触良好，连接可靠。拆除个人保安线的顺序与此相反。个人保安线由作业人员负责自行装、拆；⑦个人保安线应使用有透明护套的多股软铜线，截面积不准小于 $16mm^2$，且应带有绝缘手柄或绝缘部件。禁止用个人保安线代替接地线。

（5）工器具传递：①传递工器具绳扣应正确可靠，塔上人员应防止高空落物；②杆塔上、下作业人员应密切配合。

（6）更换间隔棒：①安全带保险绳要系在杆塔横担上；②转移位置时，不得失去安全带的保护；③注明：如果沿耐张串上、下导线不需要挂设软梯，直接沿瓷瓶上、下。

（7）拆除接地线：①接地线、工具、更换下的绝缘子齐全并与作业前数量相符；②拆除接地线应先拆导线端，后拆接地端，拆装接地线均应使用绝缘棒或专用的绝缘绳，人体不得碰触接地线或未接地的导线；③接地线拆除后，应即认为线路带电，不准任何人再进行工作。

（8）下塔：①确认杆塔上无遗留物；②下塔时，必须戴安全帽，杆塔有防坠装置的，应使用防坠装置，下塔过程中，双手不得携带物品；③监护人专责监护。

（9）工作终结：确认工器具均已收齐，工作现场做到"工完、料净、场地清"。

（10）自检记录：①更换的零部件；②发现的问题及处理情况；③验收结论。

第七章

特高压线路带电检修

第一节 一 般 要 求

一、人员要求

带电作业人员应身体健康，无妨碍作业的生理和心理障碍。应具有电工原理知识和电力线路的基本知识，掌握带电作业的基本原理和操作方法，熟悉作业工具的适用范围和使用方法，熟悉《国家电网公司电力安全工作规程（线路部分）》和带电作业相关技术导则。通过紧急救护法、触电解救法和人工呼吸法的培训，考试合格并具有上岗证。

工作负责人（或安全监护人）应具有 3 年以上的带电作业实际工作经验，熟悉设备状况，具有一定组织能力，经专业培训、考试合格、取得资格证书。

二、制度要求

应按 DL/T 392—2015《1000kV 交流输电线路带电作业技术导则》、DL/T 1242—2013《±800kV 直流线路带电作业技术规范》、《国家电网公司电力安全工作规程（线路部分）》标准执行。

三、气象条件要求

作业应在良好的天气下进行。如遇雷（听见雷声看见闪电）、雪、雹、雨、雾等，禁止进行带电作业。风力大于 5 级，或湿度大于 80% 时，不宜进行作业。

在特殊或紧急条件下，必须在恶劣气候下进行带电抢修时，应组织有关人员充分讨论并编制必要的安全措施，经本单位批准后方可进行。

带电作业过程中若遇天气突然变化，有可能危及人身或设备安全时，应立即停止工作；在保证人身安全的情况下，应尽快恢复设备正常工况或采取其他措施。

四、其他要求

（1）对于比较复杂、难度较大的带电作业新项目、研制的新工具，新方法应进行科学实验，确认安全可靠，编制安全措施和操作工艺方案，（见本章附件）并经本单位批准后方可进行和使用。

（2）带电作业工作负责人应在工作开始前与调度联系，同意后方可开展工作。需要停用自动重合闸装置时，应履行许可手续。工作结束后应及时向调度汇报。严禁约时停用或恢复重合闸。

第二节　技　术　要　求

一、地电位作业

（1）地电位作业时，塔上地电位作业人员与带电体间的最小安全距离应满足表 7-1 的规定。

表 7-1　最 小 安 全 距 离

海拔 H（m）	最小安全距离（m）	
	中相	边相
$H \leqslant 1000$	6.8	6.0

注：表中数值不包括人体占位间隙，作业中需考虑人体占位间隙不得小于 0.5m。

（2）绝缘工器具的最小有效绝缘长度应满足表 7-2 的规定。

表 7-2　绝缘工器具最小有效绝缘长度

海拔高度 H（m）	最小有效绝缘长度（m）
$H \leqslant 1000$	6.8

二、等电位作业

（1）作业人员通过绝缘工具进入高电位时，最小组合间隙应满足表 7-3 的规定。

表 7-3　最 小 组 合 间 隙

海拔 H（m）	最小组合间隙（m）	
	中相	边相
$H \leqslant 1000$	6.9	6.7

注：表中数值不包括人体占位间隙，作业中需考虑人体占位间隙不得小于 0.5m。

（2）等电位作业人员沿耐张绝缘子串进入高电场时，人体短接绝缘子片数不得多于 4 片。耐张绝缘子串中扣除人体短接和不良绝缘子片数后，良好绝缘子最少片数应满足表 7-4 的规定。

表 7-4　良好绝缘子最少片数

海拔 H（m）	绝缘子串片数（片）	良好绝缘子最少片数（m）
$H \leqslant 1000$	54	37

注：表中数值不包括人体占位间隙，作业中需考虑人体占位间隙不得小于 0.5m。

（3）等电位作业人员与接地构架之间的最小安全距离应满足表 7-1 的规定。绝缘工器具最小有效绝缘长度应满足表 7-2 的规定。

三、安全防护

（1）1000kV 交流输电线路带电作业使用的屏蔽服装须采用屏蔽效率不小于 60dB、其他参数符合 GB/T 6568《带电作业用屏蔽服装》规定的布料制作。应做成上衣、裤子与帽子连成一体、帽檐加大的式样，并配有屏蔽效率不小于 20dB 的网状屏蔽面罩。

（2）屏蔽服装须配套完整，包括连体衣帽裤、面罩、手套、袜和鞋，接头须连接可靠，屏蔽服装衣裤最远端点之间的电阻值均不大于 20Ω。

（3）等电位和中间电位作业人员均须穿戴 1000kV 带电作业用屏蔽服装，屏蔽服内还应穿阻燃内衣。

（4）塔上地电位作业人员须穿全套屏蔽服装或静电防护服装和导电鞋后才能登塔作业。严禁在屏蔽服装或静电防护服装外面穿着其他服装。

（5）绝缘架空地线或分段绝缘、一点接地架设的地线应视为带电体，作业人员应对其保持 0.6m 以上的距离。如需在此类架空地线上作业，应先通过专用接地线将架空地线良好接地，地线上挂、拆专用接地线的方式、步骤与停电线路挂、拆接地线的程序相同。对挂好专用接地线的架空地线，作业人员穿着全套屏蔽服装或静电防护服装、导电鞋后可直接进入进行检修作业。

（6）对于逐基接地的光纤复合架空地线（OPGW）或其他直接接地的架空地线，作业人员穿全套屏蔽服装或静电防护服装、导电鞋后可直接进入进行检修作业。

（7）作业人员需滑到档距中间对架空地线进行检修前，应校核作业点架空地线附加作业人员荷载后，作业人员与下方带电导线的垂直距离是否满足最小安全距离的要求，校核架空地线机械强度是否满足要求，以保证作业人员的安全。

（8）停电检修时，如果作业线路与其他高压带电线路交叉或邻近，由于停电线路上可能产生较高的感应电压，作业人员应穿戴屏蔽服装，并按带电作业方式进行检修作业。

（9）用绝缘传递绳索传递大件金属物品（包括工具、材料）时，杆塔或地面上作业人员应将金属物品接地后才能触及。

（10）在强电场附近放置的与地绝缘的体积较大的金属物件（例如：汽车等），应注意防护感应电伤害，必须先将该金属物件接地才能触及。

四、电位转移

（1）在 1000kV 交流输电线路上进行带电作业应使用电位转移棒进行电位转移，电位转移棒长度为 0.4m。

（2）等电位作业人员在电位转移前，应得到工作负责人的许可，并系好安全带。

（3）电位转移时，人体面部与带电体距离不得小于 0.5m。

（4）等电位电工进行电位转移时，电位转移棒应与屏蔽服装电气连接。

（5）进行电位转移时，动作应平稳、准确、快速。

第三节　工器具的试验

特高压带电作业工具的试验是检验是否合格的唯一可靠手段，即使经过周密设计的工具，也必须通过试验才能做出合格与否的结论，这是因为工器具在制作、运输和保管等各个环节中，都可能引起或留下一些缺陷，这些缺陷只有通过试验才会暴露出来。

而特高压输电线路带电作业工具的试验包括试验周期、预防性电气试验、预防性机械试验、检查性试验。

（一）试验周期

（1）带电作业工具的设计应符合 GB/T 18037—2008《带电作业工具基本技术要求与技术导则》的要求，屏蔽服装、绝缘绳索、绝缘杆、绝缘子卡具等应按照 GB/T 6568—2008《带电作业用屏蔽服装》、GB/T 13035—2008《带电作业用绝缘绳索》、GB 13398—2008《带电作业用空心绝缘管、泡沫填充绝缘管和实心绝缘棒》、DL/T 463—2006《带电作业用绝缘子卡具》、DL/T 878—2004《带电作业用绝缘工具试验导则》等标准要求，通过型式试验及出厂试验。

（2）带电作业工器具型式试验报告有效期不超过 5 年。

（3）作业工具应定期按照 DL/T 976—2017《带电作业工具、装置和设备预防性试验规程》、Q/GDW 1799.1—2013《国家电网公司 电力安全工作规程线路部分》的试验方法进行电气试验及机械试验，其试验周期为：

1）电气试验：预防性试验每年一次，检查性试验每年一次。两种试验间隔为半年。

2）机械试验：预防性试验两年一次，但每年均应进行外观检查。如发现损伤、松动、变形时，应及时进行处理和检验。

（二）预防性试验

1000kV 特高压交流输电线路工器具电气预防性试验要求如下：

工频耐压试验：试验电极间试品绝缘长度为 6.3m，耐受电压为 1150kV，时间为 3min。以无击穿、无闪络及无发热为合格。

（三）检查性试验

（1）将绝缘工具分成若干段进行工频耐压试验。每 300mm 耐压 75kV，时间为 1min。以无击穿、无闪络及无发热为合格。

（2）整套屏蔽服装最远端点之间的电阻值均不得大于 20Ω。

（四）工器具电气预防性试验

1000kV 特高压交流输电线路与 ±800kV 特高压直流输电线路工器具机械试验要求如下：

（1）静负荷试验：1.2 倍额定工作负荷下持续 1min，以无变形、无损伤为合格。

（2）动负荷试验：1.0 倍额定工作负荷下实际操作 3 次，以工具灵活、轻便、无卡住现象为合格。

第四节 工具的运输与保养

带电作业工具运输过程中必须使用专用带电作业工程（具）车，避免碰撞、踩踏、污损。潮湿地区或潮湿季节带电作业工具需外出超过 24h，需配备专用带电作业工具库房车，专用带电作业工具库房车必须带有烘干除湿设备、温湿自动控制，并按 DL/T 974—2018《带电作业用工具库房》和国家标准《带电作业工具专用车》执行，带电作业工具库房车必须专用，车载发电机、温湿控制系统必须处于良好状态，随时随地可以进行烘干除湿工作。

一、工具的运输

（1）在运输过程中，绝缘工具应装在专用工具袋、工具箱或专用工具车内，以防受潮和损伤。

（2）铝合金工具、表面硬度较低的卡具、夹具及不宜磕碰的金属机具（例如丝杆），运输时应有专用的木质或皮革工具箱。每箱容量以一套工具为限，零散的部件在箱内应予固定。

（3）带电作业工具库房应按照 GB/T 18037—2008《带电作业工具基本技术要求与设计导则》的规定配有通风、干燥、除湿设施。库房内应备有温度表、湿度表，库房最高气温不超过 40℃。烘烤装置与绝缘工具表面保持 50~100cm 距离。库房内的相对湿度不大于 60%。

（4）绝缘杆件的存放设施应设计成垂直吊放的排列架，每个杆件相距 10~15cm，每排相距 50cm，绝缘硬梯、托瓶架的存放设施应设计成能水平摆放的多层式构架，每层间隔 25~30cm。最低层离开地面不小于 50cm。绝缘绳索及其滑车组的存放设施应设计成垂直吊挂的构架，每个挂钩放一组滑车组，挂钩间距为 20~25cm，绳索下端距地面不小于 50cm。

（5）绝缘工器具在运输和保养中应防止受潮、淋雨、暴晒等，内包装运输袋可采用塑料袋，外包装运输袋可采用帆布袋或专用皮（帆布）箱。

二、带电作业工器具的使用

（1）带电作业工具应绝缘良好、连接牢固、转动灵活，并按厂家使用说明书、现场操作规程正确使用。带电作业工具使用前应根据工作负荷校核机械强度，并满足规定的安全系数。带电作业使用的金属丝杆、卡具及连接工具在作业前应经试组装确认各部件操作灵活、性能可靠，并按现场操作规程或作业指导书正确使用。操作不灵活的工具应及时检修或报废，不得继续使用。

（2）发现绝缘工具受潮或表面损伤、脏污时，应及时处理并经试验合格后方可使用，不合格的带电作业工器具不得继续使用，应及时检修或报废。

（3）屏蔽服装应无破损和孔洞，各部分应连接良好、可靠。发现破损和毛刺时应送有资质的试验单位进行屏蔽服装电阻和屏蔽效率测量，测量结果满足相关要求后，方可使用。

（4）带电作业工具使用前，仔细检查确认没有损坏、受潮、变形、失灵，否则禁止使用，并使用 2500V 及以上绝缘电阻表或绝缘检测仪进行分段绝缘检测（电极宽 2cm，极间宽 2cm），阻值应不低于 700MΩ。操作绝缘工具时应戴清洁、干燥的手套。

（5）使用绝缘工具时，应避免绝缘工具受潮和表面损伤、脏污，未处于使用状态的绝缘工具应放置在清洁、干燥的垫子上。

(6) 绝缘操作杆的中间接头,在承受冲击、推拉和扭转等各种荷重时,不得脱离和松动,不允许将绝缘操作杆当承力工具使用。

三、工具的保养

(1) 带电作业用工器具应存放在专用库房里,带电作业工具库房应满足 DL/T 974—2018《带电作业用工具库房》中的规定。工具房门窗应密闭严实,地面、墙面及顶面应采用不起尘、阻燃材料制作。室内的相对湿度应保持在 50%～70%。室内温度应略高于室外,且不宜低于 0℃。

(2) 带电作业工具应统一编号、专人保管、登记造册,并建立试验、检修、使用记录。

(3) 带电作业工具房应配备湿度计、温度计、抽湿机(数量以满足要求为准),辐射均匀的加热器,足够的工具摆基本放架、吊架和灭火器等。带电作业工具库房应按照 GB/T 18037—2008《带电作业工具基本技术要求与设计导则》的规定配有通风、干燥、除湿设施。库房最高气温不超过 40℃。烘烤装置与绝缘工具表面保持 50～100cm 距离。库房内的相对湿度不大于 60%。

(4) 带电作业工具房进行室内通风时,应在干燥的天气进行,并且室外的相对湿度不准高于 75%。通风结束后,应立即检查室内的相对湿度,并加以调控。

(5) 绝缘杆件的存放设施应设计成垂直吊放的排列架,每个杆件相距 10～15cm,每排相距 50cm,绝缘硬梯、托瓶架的存放设施应设计成能水平摆放的多层式构架,每层间隔 25～30cm。最低层离开地面不小于 50cm。

第五节 ±800kV 直流输电线路的带电检修、维护及检测工作

一、技术要求

1. 地电位作业

地电位作业时,塔上地电位作业人员与带电体间的最小安全距离应满足表 7-5 的规定。绝缘工器具的最小有效绝缘长度应满足表 7-6 的规定。

表 7-5 地电位作业人员与带电体最小安全距离

海拔(m)	最小有效绝缘长度(m)
1000 及以下	6.8
1000～2000	7.3

注:表中最小安全距离包括人体占位间隙 0.5m。

表 7-6 绝缘工器具的最小有效绝缘长度

海拔(m)	最小有效绝缘长度(m)
1000 及以下	6.8
1000～2000	7.3

2. 等电位作业

（1）作业人员通过绝缘工具进入高电位时。作业人员与带电体和接地体之间的最小组合间隙应满足表 7-7 的规定。

表 7-7　　　　　　　等电位作业人员与带电体和接地体最小组合间隙

海拔（m）	最小组合间隙（m）
1000 及以下	6.6
1000～2000	7.2

注：表中最小安全距离包括人体占位间隙 0.5m。

（2）等电位作业人员与接地构架之间的最小安全距离应满足表 7-5 的规定。绝缘工器具最小有效绝缘长度应满足表 7-6 的规定。

（3）等电位作业人员与杆塔构架上作业人员传递物品应采用绝缘绳索。绝缘绳索的最小有效绝缘长度应满足表 7-6 的规定。

等电位作业人员沿耐张绝缘子串进入高电场时，人体短接绝缘子片数不得多于 4 片。耐张绝缘子串中扣除人体短接和零值绝缘子片数后，良好绝缘子最少片数应满足表 7-8 的规定。

表 7-8　　　　　　　　耐张串良好绝缘子的最少片数

海拔（m）	良好绝缘子的总长度最小值（m）	单片绝缘子高度（mm）	良好绝缘子的最少片数（片）
1000 及以下	6.2	170	37
		195	32
		205	31
		240	26
1000～2000	7.1	170	42
		195	37
		205	35
		240	30

3. 中间电位作业

作业人员在中间电位作业位置时，其与带电体和各接地构架之间的最小组合间隙距离应满足表 7-7 的规定。

4. 进出等电位

（1）直线塔进入等电位。

1）作业人员可采用绝缘吊篮（吊椅、吊梯）法或绝缘软梯法从塔身侧或从导线下方向上进出等电位，不允许从横担或绝缘子串垂直进出等电位。

2）吊篮（吊椅、吊梯）四周应使用四根绝缘绳索稳固悬吊。吊拉绝缘绳索长度应准确计算或实地测量，使等电位作业人员头部高度不超过导线侧均压环。

3）绝缘软梯的悬挂点和长度应准确计算或实地测量，使等电位作业人员能从塔身侧登上绝缘软梯，并在地电位作业人员的配合下沿水平方向进入等电位。等电位作业人员头部高度应不超过导线侧均压环。

4）进入电场后的等电位作业人员的后备保护绳应系在杆塔横担上。

5）等电位作业人员进出等电位时与接地体及带电体的各电气间隙距离（包括安全距离和组合距离）应满足表 7-1～表 7-3 的规定。

（2）耐张塔进入等电位。

1）耐张塔可采用沿耐张绝缘子串进入或采用其他被证明是安全的方法进出等电位。

2）等电位作业人员沿耐张绝缘子串移动时，手和脚的移动必须保持对应一致，且人体与工具短接的绝缘子片数应符合表 7-4 项的规定。

3）等电位作业人员所系安全带应固定在手扶的绝缘子串上，并与等电位作业人员同步移动。

4）进入电场后的等电位作业人员的后备保护绳应系在塔身上。

5）等电位作业人员进出等电位时与接地体及带电体的各电气间隙距离和完好绝缘子片数应满足表 1 和表 2 的规定。

5. 电位转移

（1）等电位作业人员距离高压导线约 0.5m 时可进行电位转移。

（2）等电位作业人员可用戴导电手套的手迅速、准确地抓住导电体完成电位转移。电手套应与屏蔽服可靠连接。

（3）等电位作业人员严禁用身体裸露部位直接接触导电体进行电位转移。

二、作业注意事项

（1）等电位业人员均需穿着全套带电作业专用屏蔽服（包括帽子、屏蔽面罩、上衣、裤子、手套、袜子和导电鞋）。屏蔽服性能指标应符合 GB 6568.1 和 GB 6568.2 的规定。屏蔽面罩的屏蔽效率不应低于 20dB。屏蔽服各部分应连接良好，屏蔽服衣裤最远点之间的直流电阻应不大于 20Ω。

（2）塔上地电位作业人员应穿着全套屏蔽服进行作业，严禁穿屏蔽服和绝缘鞋登塔作业。

（3）用绝缘绳索传递大件金属物品（包括工具、材料）时，杆塔或地面上作业人员应将金属物品接地后方能接触。

（4）使用绝缘工具时应戴清洁、干燥的手套，并应防止绝缘工具在使用中脏污和受潮。

（5）不允许将绝缘操作杆当承力工具使用。操作杆上金属件不得短接有效绝缘间隙。在杆塔上暂停作业时，操作杆应垂直吊挂或平放在水平塔材上，不得在塔材上拖动，以免损坏操作杆的外表。使用较长绝缘操作杆时，应在前端杆身适当位置加装绝缘吊绳。以防杆身过分弯曲，并减轻操作者劳动强度。

（6）绝缘绳索不得在地面上或水中拖放，严防与杆塔摩擦。受潮的绝缘绳索严禁在带电作业中使用。

（7）导线卡具的夹嘴直径应与导线外径相适应，严禁代用。防止压伤导线或出现导线滑移。闭式绝缘子卡具两半圆的弧度与绝缘子钢帽外形应基本吻合，以免在受力过程中出现较大的应力。所有双翼式卡具应与相应的连接金具规格一致，且应配有后备保护装置（如封闭螺栓或插销），以防脱落。横担卡具与塔材规格必须相适应，且组装应牢固。紧线器的规格应根据荷载大小和紧线方式正确选用。

（8）绝缘拉杆、吊杆是更换耐张和悬垂绝缘子的承力和主绝缘工具，其电气绝缘性能应通过直流、操作冲击耐压试验和直流泄漏电流试验；机械性能应通过静负荷和动负荷试验。

（9）带电检测绝缘子时，测量顺序应从地电位到高电位。如发现零值和低值绝缘子。应复测 2～3 次。如已发现串中良好绝缘子数少于规定片数时，不得继续检测。使用结构较复杂的检测装置如光纤语音报数式分布电压测试仪、自爬式零值绝缘子检测器等时，应注意在运输和使用中不得碰撞。

（10）在更换直线绝缘子串或移动导线的作业中，当采用单吊杆装置时，应采取防止导线脱落的后备保护措施。当采用双吊杆装置时，每一吊杆均应能承受全部荷重，并具有足够的安全裕度。

（11）在绝缘子串未脱离导线前，拆、装靠近横担的第一片绝缘子时，必须采用专用短接线后，方可直接进行操作。

（12）在直流线路下放置汽车或体积较大的金属作业机具时，机具必须先行接地。

（13）以上下循环交换方式传递较重的工器具时，均应系好控制绳，防止被传递物品相互碰撞及误碰处于工作状态的承力工器具。

三、作业工具

1. 工具的检测与使用

（1）绝缘工具在使用前，应使用兆欧表（2500～5000V）或其他专用仪表进行分段检测，每 2cm 测量，电极间的绝缘电阻值不低于 700MΩ。

（2）带电作业使用的金属丝杆、卡具及连接工具在作业前应经试组装确认各部件操作灵活、性能可靠，现场不得使用不合格和非专用工具进行带电作业。

（3）绝缘操作杆的中间接头，在承受冲击、推拉或扭转等各种荷重时，不得脱离和松动。

（4）发现绝缘工具受潮或表面损伤、脏污、变形、松动时，应及时处理并经试验合格后方可使用。不合格的带电作业工具应及时检修或报废，不得继续使用。

（5）带电更换绝缘子、线夹等作业时承力工具应固定可靠，并应有后备保护用具。

（6）带电作业过程中应全面采用防雨防潮带电作业工具。

2. 工具的试验

（1）带电作业工具应定期进行电气试验及机械试验。试验周期为：

1）电气试验：预防性试验每年一次，检查性试验每年一次。两种试验间隔为半年。

2）机械试验：预防性试验两年一次，但每年均应进行外观检查。如发现损伤、松动、变形时，应及时进行处理和检验。

（2）试验项目。

1）预防性电气试验。①操作冲击耐压试验：试品长度为 6.2m，采用＋250/2500μs 标准操作冲击波，施加电压 1600kV。共 15 次，应无闪络、无击穿、无发热。②直流耐压试验：试品长度为 6.2m，施加直流电压 950kV。耐压时间 5min。应无闪络、无击穿、无发热。

2）检查性电气试验。将绝缘工具分成若干段进行工频耐压试验。每 300mm 耐压 75kV，时间为 l min，应无闪络、无击穿、无发热。

3）预防性机械试验。① 静负荷试验：1.2 倍额定工作负荷下持续 1min，工具应无变形或损伤；②动负荷试验：1 倍额定工作负荷下实际操作 3 次，工具灵活、无卡住现象为合格。

4）屏蔽服装检查性试验。

屏蔽服装衣裤最远端点之间的电阻值均不得大于 20Ω。

3. 工具的运输与保养

（1）在运输过程中，绝缘工具应装在专用工具袋、工具箱或专用工具车内，以防受潮和损伤。

（2）铝合金工具、表面硬度较低的卡具、夹具及不宜磕碰的金属机具（例如丝杆），运输时应有专用的木质或皮革工具箱。每箱容量以一套工具为限，零散的部件在箱内应予固定。

（3）带电作业工具库房应按照 GB/T 18037—2008《的规定配有通风、干燥、除湿设施。库房内应备有温度表、湿度表，库房最高气温不超过 40℃。烘烤装置与绝缘工具表面保持 50～100cm 距离。库房内的相对湿度不大于 60％。

（4）绝缘杆件的存放设施应设计成垂直吊放的排列架，每个杆件相距 10～15cm，每排相距 50cm，绝缘硬梯、托瓶架的存放设施应设计成能水平摆放的多层式构架，每层间隔 25～30cm。最低层离开地面不小于 50cm。绝缘绳索及其滑车组的存放设施应设计成垂直吊挂的构架，每个挂钩放一组滑车组，挂钩间距为 20～25cm，绳索下端距地面不小于 50cm。

附件　等电位更换直线杆塔单 V 型、双 V 型复合绝缘子作业

1. 作业方法

等电位与地电位配合作业法。

2. 适用范围

适用于±800kV 或 1000kV 线路带电更换直线单 V 型、双 V 型整串复合绝缘子。

3. 人员组合

本作业项目工作人员不少于 10 名。其中工作负责人（监护人）1 名、等电位电工 2 名（1 号、2 号电工）、塔上地电位电工 2 名（3 号、4 号电工）、地面电工 5 名（5 号～9 号电工）。

4. 工器具配备（见附表1）

附表1　　　　直线杆塔 V 型合成绝缘子带电更换工器具配备表

序号	工器具名称		规格型号	数量	备注
1	绝缘工具	绝缘传递绳	TJS-φ14mm	3根	视作业杆塔高度而定
2		电位转移棒		1根	
3		绝缘吊篮绳	TJS-φ14mm	1根	横担至导线垂直距离+操作长度
4		2-2绝缘滑车	JH20-2	2只	
5		绝缘滑车	JH10-1	6只	
6		绝缘吊杆	Φ53	2根	
7		绝缘绳套	1t	3根	
8	金属工具	八分裂提线器		2只	
9		液压紧线系统		2只	带预收机械丝杆
10		专用接头		4个	
11		机动绞磨	3t	1台	
12		钢丝绳套		4根	
13	等电位专用工具	吊篮		1套	
14	个人防护用具	绝缘保护绳	TJS-φ14mm	2根	防坠落保护
15		屏蔽服装	1000kV（屏蔽效率≥60dB）	4套	带屏蔽面罩
16		阻燃内衣		4套	
17		导电鞋		4双	
18		安全帽		10顶	
19		安全带		4根	
20	辅助安全用具	兆欧表	5000V	1块	电极宽2cm，极间宽2cm
21		温湿度表		1块	
22		风速风向仪		1块	
23		万用表		1块	测量屏蔽服装连接导通用
24		防潮帆布	2m×4m	4块	
25		工具袋（箱）		4只	装绝缘工具用

工器具机械及电气强度均应满足安规要求，周期预防性及检查性试验合格

注：采用双紧线系统且横担侧固定器各自单独连接时，可不用导线后备保护绳。

（1）工作负责人向电网调度申请开工，内容为：工作负责人×××，××××年××月××日需在1000kV××线路××杆塔上更换绝缘子作业，本次作业按《国家电网公司电力安全生产工作规程（电力线路部分）》第10.1.7条要求，确定是否停用线路自动重合闸装置，若遇线路跳闸，不经联系，不得强送。得到调度许可，核对线路双重名称和杆塔号。

（2）全体工作成员列队，工作负责人现场宣读工作票、交代工作任务、安全措施和技术措施；查（问）看作业人员精神状况、着装情况和工器具是否完好齐全。确认危险

点和预防措施,明确作业分工以及安全注意事项。

5. 作业程序

(1) 地面电工正确合理布置工作现场,组装工器具。用兆欧表摇测绝缘工具的绝缘电阻,检查液压紧线系统、八分裂提线器等工具是否完好灵活。

(2) 1号、2号、3号、4号电工必须穿着全套屏蔽服装(屏蔽服装内还应穿阻燃内衣)、导电鞋,并戴好屏蔽面罩。地面电工检查屏蔽服装各部件的连接情况,测试连接导通情况。

(3) 3号、4号电工携带绝缘传递绳登塔至横担作业点,选择合适位置系好安全带,将绝缘滑车和绝缘传递绳安装在横担合适位置。

(4) 地面电工利用绝缘传递绳将吊篮、绝缘吊篮绳、绝缘保护绳及2-2绝缘滑车组传至横担,3号、4号电工将2-2绝缘滑车组及吊篮安装在横担上平面合适位置,将绝缘吊篮绳安装在横担(导线正上方)合适位置(绝缘吊篮绳长度为横担至导线垂直距离+操作长度)。

(5) 1号、2号电工携带绝缘传递绳登塔至绝缘子挂点处,系好安全带,将绝缘滑车和绝缘传递绳安装在绝缘子挂点处适当位置。

(6) 1号电工系好绝缘保护绳进入吊篮,地面电工缓慢松出2-2绝缘滑车组控制绳,将吊篮放至距带电导线约1m处停下。

(7) 在得到工作负责人的许可后,1号电工利用电位转移棒进行电位转移,然后地面电工再放松2-2滑车组控制绳将其送至导线上进入电场。

(8) 地面电工收紧2-2绝缘滑车组控制绳,将吊篮向上传至横担部位。2号电工系好绝缘保护绳进入吊篮,用同样的方法进入电场。

(9) 1号、2号电工进入等电位后,不得将安全带系在子导线上,应在绝缘保护绳的保护下进行作业。

(10) 地面电工将绝缘吊杆、八分裂提线器、液压紧线系统传递至工作位置,由3号、4号电工和1号、2号电工配合将合成绝缘子更换工具进行正确安装。

(11) 检查各部件连接无问题后,1号、2号电工先收紧丝杆,待丝杆适当受力后,再收紧液压紧线系统,使之稍受力,检查各受力点无异常情况。

(12) 报经工作负责人同意后,1号、2号电工继续均匀收紧液压紧线系统,使合成绝缘子串松弛。

(13) 地面电工将合成绝缘子串控制绳传递给1号电工,1号电工将其安装在合成绝缘子串尾部。地面电工收紧合成绝缘子串控制绳。

(14) 1号电工冲击承力工具检查无误后,报经工作负责人同意,1号电工取出碗头挂板螺栓。然后地面电工缓慢放松合成绝缘子串控制绳,使之自然垂直。

(15) 3号电工将绝缘传递绳系在合成绝缘子上端金属部分,然后取出合成绝缘子串与球头挂环连接的锁紧销。地面电工启动机动绞磨,与3号电工配合脱开合成绝缘子串。

(16) 地面电工控制好合成绝缘子串控制绳,利用机动绞磨缓慢将合成绝缘子串放至地面。注意控制好合成绝缘子串的控制绳，不得碰撞绝缘吊杆、八分裂提线器、导线及杆塔。

（17）地面电工将绝缘传递绳和合成绝缘子串控制绳分别转移到新合成绝缘子上。然后启动机动绞磨，将新合成绝缘子串传递至塔上工作位置。3号电工恢复新合成绝缘子串与球头挂环的连接，并复位绝缘子锁紧销。

（18）地面电工缓慢松出机动绞磨使合成绝缘子串自然垂直，然后收紧合成绝缘子串控制绳将绝缘子串尾部送至导线侧1号电工位置。1号电工恢复碗头挂板与金属联板的连接，并装好开口销。

（19）经检查合成绝缘子串连接可靠后，报告工作负责人。3号、4号电工得到工作负责人同意后，松出液压紧线系统。

（20）经检查合成绝缘子串受力无问题后，1号、2号电工与3号、4号电工配合拆除绝缘吊杆、八分裂提线器、液压紧线系统等，并传至地面。

（21）1号电工将绝缘传递绳在吊篮上系牢，然后进入吊篮。在得到工作负责人的许可后，1号电工脱开电位转移棒与子导线的连接，并将电位转移棒迅速收回放在吊篮中。

（22）地面电工迅速收紧2-2绝缘滑车组控制绳，将吊篮向上拉至横担部位停住，然后1号电工登上横担，并系好安全带。

（23）地面电工利用绝缘传递绳将吊篮传至2号电工处，2号电工检查导线上无遗留物后进入吊篮，用同样的方法退出电位。

（24）塔上电工配合拆除绝缘吊篮绳、绝缘保护绳、2-2绝缘滑车组及吊篮，并传至地面。

（25）1号、2号、3号、4号电工检查塔上无遗留物后，向工作负责人汇报，得到工作负责人同意后携带绝缘传递绳下塔。

（26）工作负责人检查现场、清点工器具。

6. 完工

工作负责人向调度汇报。内容为：工作负责人×××，1000kV××线路××杆塔上带电更换绝缘子工作已结束，线路设备已恢复原状，杆塔上作业人员已全部撤离，杆塔、导线上无遗留物。

第八章

典型缺陷分析及处理

耐张线夹内导线钢芯断裂：案例1 1000kV ××线耐张线夹导线钢芯断裂

（一）缺陷情况

1000kV ××号杆塔小号侧 A 相 7 号子导线耐张线夹内，有导线钢芯断股缺陷，导线仅靠外层铝线和压接管连接，为危急缺陷，具体位置如图 8-1 和图 8-2 所示。

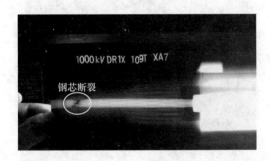

图 8-1 ××号塔小号侧 A 相 7 号子导线耐张线夹 X 光照片

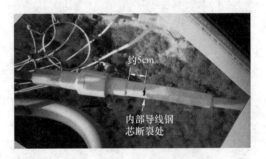

图 8-2 ××号塔小号侧 A 相 7 号子导线耐张线夹照片

（二）原因分析

经过试验单位检测和压接试验分析，该钢芯产品试验检测质量合格，液压施工管控流程符合要求，液压各类数据满足规程规范要求。结合运行实际情况，耐张线夹钢芯断裂的原因有以下两种可能：一是存在该断裂面在断裂前有截面或结构缺陷的可能；二是理论上推导，耐张线夹不正确的施压顺序形成应力集中，也可能会导致钢芯断裂。如图 8-3 所示，由于无法还原断裂处钢芯的原始状态、无法再现耐张线夹的压接顺序，且该压接人员压接的其余 95 只耐张线夹均未发现类似缺陷，同时该时间段开展 X 光检测的其他 96 只耐张线夹亦未发现类似缺陷，综合分析表明，

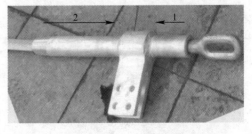

图 8-3 理论上推导，耐张线夹不正确的施压顺序形成应力集中，也可能会导致钢芯断裂

本次钢芯断裂为偶发非质量事件。

（三）采取措施

需对有缺陷的耐张线夹进行更换。根据现场及资料调查情况，该耐张塔所属耐张段跨越高速公路，而档内 7 号子导线无直线管，采用"加直线接续管增补 20m 新导线，耐张线夹割断重新压接"的方案进行消缺。

耐张线夹不压区鼓胀：案例 2　±800kV ××线上扬杆耐张线夹不压区鼓胀

（一）缺陷情况

±800kV ××线开展全线综合检修工作。在对 7 基上扬塔耐张管不压区外径测量时，检修人员发现××号塔小号侧两极共 12 只耐张线夹不压区存在鼓胀情况，鼓胀及正常照片如图 8-4 和图 8-5 所示，其余耐张线夹正常。具体测量情况见表 8-1。

图 8-4　××号极Ⅱ小号侧耐张线夹不压区轻微鼓胀

图 8-5　正常压接管（左，78.55mm）和鼓胀压接管（右，87.46mm）不压区外径尺寸对比

表 8-1　　　　　　　　　　　上扬塔耐张线夹不压区外径测量情况

序号	杆号	测量位置	极别	完成情况	测量检查情况
1	××号	小号侧	极Ⅰ/极Ⅱ	已测量	有鼓胀
2	××号	大号侧	极Ⅰ/极Ⅱ	已测量	正常
3	××号	大号侧	极Ⅰ/极Ⅱ	已测量	正常

（二）原因分析

耐张线夹不压区鼓胀的杆塔由于地形受限，小号侧为上扬侧，耐张金具串处于倒挂现状，如图 8-6 所示。导线型号为 JL/G3A-900/40，导线耐张线夹在压接时压接工艺不过关，可能造成导线内部有缝隙，在雨雪天气下，水可以通过耐张线夹前端线股之间存在细微间隙形成渗水通道，经毛细现象通过导线内部，并最终到达耐张线夹不压区，长期运行的电化腐蚀作用引起耐张线夹钢芯及导线钢绞线锈蚀；同时，多次雨雪冰冻天气下，耐张线夹不压区内积累的水经结冰冻胀累积效应导致不压区膨胀开裂。子导线压接后铝股之间存在细微间隙，是引发该缺陷的起因。

图 8-6　出现鼓胀的耐张线夹不压区低于耐张线夹出口下表面

（三）采取措施

（1）采取对耐张线夹不压区"打孔-抽水-注电力脂-封口"的方案进行处理，处理过程如图 8-7 所示。

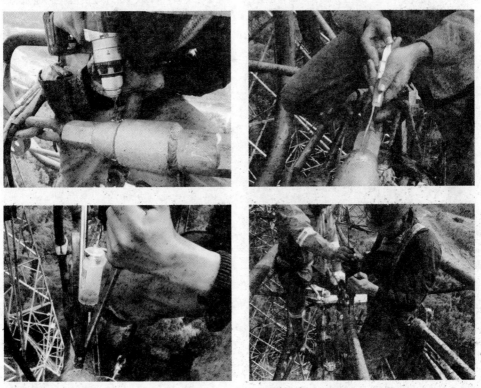

图 8-7　采用"打孔-抽水-注电力脂-封口"的方案进行处理

（2）新建（改、扩建）架空输电线路，对于耐张塔因邻塔位置较高造成上扬倒挂的塔位，该部分耐张线夹采用不压区加铝衬管再填充电力脂的方案和施工工艺。压接过程中加强旁站监理，并拍照记录。在验收过程中，重点复验确认施工过程照片及压接工艺。

（3）新建（改、扩建）架空输电线路上扬倒挂的塔位耐张线夹应建立台账，统一登记管理。

（4）对采用大截面导线的在运架空输电线路进行排查，对于耐张塔因邻塔位置较高造成上扬倒挂的塔位进行详细排查，建立台账。

（5）日常巡视过程中采取带电登杆、直升机或无人机航拍等手段重点加强监测，确认倒挂耐张线夹和接续管运行状态。如有鼓胀现象，及时汇报并安排停电计划进行处置。

（6）对于山区线路，在冰冻天气（尤其是停电期间经历恶劣天气）后，安排一次倒挂耐张线夹和接续管专项巡检，以便及早发现鼓胀缺陷。

（7）结合线路年度停电计划，对上扬倒挂塔位的大截面导线鼓胀耐张线夹开展集中整治。线路综合检修过程中，应对上扬倒挂塔位的大截面导线耐张线夹进行重点检查和外径测量，同时对档中大截面导线接续管进行检查和外径测量，并记录备案。

耐张线夹胀裂：案例 3　±800kV ××线耐张线夹不压区凸起胀裂

（一）缺陷描述

±800kV ××线进行线路综合检修期间，发现××线××号极Ⅰ小号侧 6 号子导线耐张线夹不压区凸起胀裂，且极Ⅰ小号侧 1 号、2 号、3 号、4 号、5 号子导线耐张压接管和极Ⅱ小号侧 6 只耐张线夹不压区均已凸起胀鼓。

现场情况如图 8-8 所示。

（二）原因分析

耐张线夹膨胀开裂原因为子导线压接后铝股之间存在细微间隙，雨水通过间隙进入耐张线夹，经过多次雨雪冰冻天气，耐张线夹未压区内积累的水经结冰冻胀累积效应导致未压区膨胀开裂，并使内部钢芯锈蚀。此缺陷与案例一中情况相同。

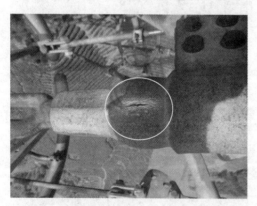

图 8-8　××号塔极Ⅰ小号侧 6 号子导线
耐张线夹不压区凸起胀裂

（三）采取措施

（1）对有缺陷的耐张线夹进行更换，采用"加直线接续管增补 20m 新导线，耐张线夹割断重新压接"的方案进行消缺。

（2）在导地线压接过程中应采取有效防止松股的措施。

（3）对耐张线夹进行改进，采取未压区（空腔）内填充电力脂、增加铝质衬管等技术手段，从根源上解决输电线路运行过程中雨水渗入，进而避免积水结冰冻胀的可能性。

耐张线夹欠压、穿管不到位：案例 4　1000kV ×× 线耐张线夹欠压

（一）缺陷情况

1000kV ×× 线检修时发现 ×× 号塔中相大号侧 6 号子导线耐张线夹钢锚欠压（末端边槽到铝管约 30mm）、×× 号塔上相小号侧 4 号子导线耐张线夹钢锚欠压（末端边槽到铝管约 45mm），具体情况如图 8-9、图 8-10、表 8-2 所示。

图 8-9　×× 号塔上相小号侧 4 号子导线
（钢芯钢锚凹槽欠压一环）

图 8-10　×× 号塔中相大号侧 6 号子导线
（钢芯钢锚穿管不到位）

表 8-2　　　　1000kV ××I 线耐张线夹钢锚欠压 30mm 及以上更换明细表

序号	桩号	相位	线别	欠压数值	是否有直线管	已更换
1	×× 号	中相大号侧	6 号	30（mm）	大小号无	已更换
2	×× 号	上相小号侧	4 号	45（mm）	小号侧有	已更换

（二）原因分析

（1）根据厂家技术人员反馈：设计过程中未考虑"因穿管不到位而造成耐张线夹潜在的握力性能损伤"，即无相关的试验或参数证明如压接不到位，性能是否会下降或下降多少。

（2）DL/T 5285—2013《输变电工程架空导线及地线液压压接工艺规程》中对于铝管末端距离钢锚边槽的距离没有明确的数据要求。

（3）施工单位耐张线夹施工作业指导书要求如下：

当铝合金管压好后，在钢锚边槽外划印，将铝管顺铝股绞制方向旋转推向钢锚侧，直至铝管引流板侧管口与划印处重合，如图 8-11 所示。

由此可见：正确穿管压接后，铝管末端距离钢锚边槽的距离应小于 10mm。

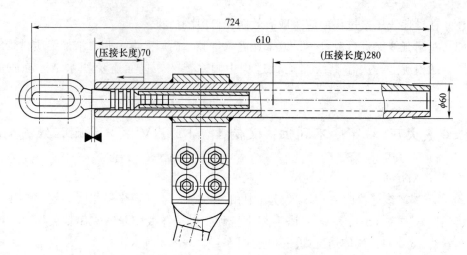

图 8-11　施工单位耐张线夹施工作业指导书中的压接工艺要求示意图

综上信息后判断：

以上缺陷均是由于基建施工过程中穿管不到位造成的，同时在之前的基建验收、停电检修中未能及时发现，主要风险如下：

（1）钢锚凹槽漏压或压接不完全将对耐张管握力造成损伤；

（2）钢锚凹槽未漏压，但是铝管末端距离钢锚边槽的距离过大，从施工工艺上来看不符合施工标准，存在耐张管握力性能下降的隐患。

根据以上两点推断：相关耐张线夹在极端恶劣运行环境下都将因不符合设计要求而存在耐张线夹跑线的严重隐患。

（三）采取措施

（1）对于钢锚凹槽漏压或压接不完全，或是铝管末端距离钢锚边槽的距离（即 f 值）包含且大于 30mm 均重新割线压接，具体为在欠压子导线 18m 以外割导线，加压直线接续管并重新压接耐张线夹。

（2）对于铝管末端距离钢锚边槽的距离小于 30mm 但大于 10mm 的，做好记录，在后续检修中重点观察。

（3）对更换下来的耐张线夹开展握力试验，为印证实际情况提供试验数据。

（4）对于耐张线夹压接，在施工前应做好做实交底工作，确保在施工过程中穿管到位，不留施工隐患。

（5）在验收、检修过程中对铝管末端距离钢锚边槽的距离予以关注，不符合施工规范的及时上报，经商定后按照统一标准进行处置。

耐张塔跳线与金具碰触：案例 5　1000kV ××线耐张塔跳线与金具碰触

（一）缺陷描述

对 1000kV 某特高压交流输电线路工程验收过程中，发现全线多处存在耐张杆塔跳线与均压屏蔽环或金具碰触的现象，如图 8-12～图 8-15 所示。

图 8-12 耐张塔外角侧跳线串
与屏蔽环相碰

图 8-13 ××号塔面向右相大号
侧跳线与金具碰触

图 8-14 ××号塔中相小号侧 1 号引流线
压接管与调整板触碰

图 8-15 ××号塔中相大小号侧 1、2、6、7、
8 号子导线引流与均压环触碰

（二）原因分析

（1）特高压线路耐张杆塔外角侧采用硬管母跳线串，常规硬管母长度不够造成跳线串与铁塔的安全距离不够；设计后期加长硬管母长度，满足跳线串与铁塔的安全距离要求，但未考虑到硬管母加长后软跳线部分弧垂过大造成跳线与屏蔽环相碰的情况，是设计不合理造成的。

（2）特高压线路为八分裂导线，子导线数量多，各子导线引流线走线设计不合理，支撑间隔棒无法安装，使得个别引流线与金具或均压屏蔽环碰触。

（3）耐张塔一般都为转角塔，使得引流线与绝缘子串导线存在一定角度，导致引流线与金具或均压屏蔽环碰触。

（4）施工过程中，引流线穿向不合理，引流管安装类型不符。

（三）采取措施

（1）调整部分引流线穿向，尽量避免与均压屏蔽环或金具碰触。

（2）对无法调整的引流线，在碰触处加橡胶护套，设计单位明确绝缘护套安装方式、螺栓穿向等要求，厂家提供护套使用年限等说明书，加装护套后如图 8-16 所示。

图 8-16 引流导线与均压环触碰处加装橡胶护套

（3）耐张塔跳线与均压屏蔽环或金具碰触问题，运行时对加装护套进行关注，必要时进行检修更换。

耐张塔均压环错位：案例 6 1000kV ××线
耐张绝缘子串上均压环错位

（一）缺陷描述

对 1000kV ××线特高压交流输电线路工程验收过程中，发现全线多处存在耐张绝缘子串上均压环错位的现象，如图 8-17、图 8-18 所示。

图 8-17 ××号塔 B 相大号　　　　　　图 8-18 ××号塔中相大号
侧均压环错口偏斜　　　　　　　　　侧均压环错位

（二）原因分析

（1）耐张绝缘子串为三联串，而均压环安装与左右两串瓷瓶末端的碗头挂板上，如果左右两串瓷瓶不对称，需要通过调整板来调整串长解决。调整板的调整量有限，很难确保联板完全调平，导致均压环错位。三联串耐张绝缘子如图 8-19 所示。

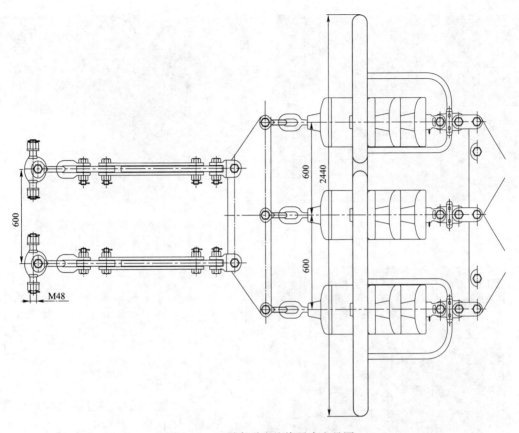

图 8-19 三联串耐张绝缘子串金具图

（2）施工时，均压环与连接金具碗头挂板间的螺栓未紧固（个别因匹配问题，无法紧固）。

（三）采取措施

（1）设计院明确均压环中心对称偏差值；

（2）对由于玻璃绝缘子串错位引起的均压环错位，先调整玻璃绝缘子串使其左右串相平；

（3）对由于连接螺栓松引起的均压环错位，紧固连接螺栓，进行正确安装。

<h2 style="text-align:center">R 销销针与碗头不匹配：案例 7 ±800kV ××线
R 型销针与碗头金具不匹配</h2>

（一）缺陷描述

对±800kV ××线特高压直流输电线路工程验收过程中，发现全线多处存在 R 型销针与碗头金具不匹配的现象，如图 8-20～图 8-22 所示。

图 8-20 ××号塔 A、C 相碗头
挂板处 R 销偏小

图 8-21 ××号塔 B 相 V 型串两边碗头
连接处 R 型销子过小

图 8-22 ××号塔左相大小号侧中
串瓷瓶 R 销开口不到位

（二）原因分析

（1）碗头挂板内 R 销型号与玻璃绝缘子内 R 销相比较，尺寸偏小；

（2）施工时，碗头挂板内 R 销未正确开口。

（三）采取措施

（1）由金具厂家提供与碗头挂板金具规格相匹配的 R 销，使之与相同等级球头挂环连接后不易脱出。

（2）全线排查，碗头挂板内的 R 销重新用专用工器具开口。

跳线异响：案例 8   1000kV ××线跳线放电

（一）缺陷描述

线路巡视发现 1000kV ××线××号塔和××号塔有异常声响。技术组利用紫外成像仪对该塔进行检测，发现××号塔 B 相（中相）跳线大号侧、××号塔 A 相和 C 相鼠笼拐角处放电。经过登杆人员近点观察，发现××号塔放电处有 4 根子导线已经变黑，未发现导线有损伤。

现场情况如图 8-23、图 8-24 所示。

（二）原因分析

根据图像、视频文件所显示的情况，这几处均属于电晕放电。放电原因应为跳线在鼠笼钢管转接处的弯曲度过大，软跳线和硬跳线之间未能平顺连接，达到平滑过渡的效果，导致局部的尖端场强畸变，引起电晕放电。

（三）采取措施

（1）对异响处跳线进行调整，其中鼠笼钢管转接处作为重点调整对象。跳线的弯曲半径应根据现场情况调整为所能达到的最大值,保证钢管转接处的软跳线平顺;同时钢管转接头应朝向耐张串引流线夹方向,并且与钢管的角度调整到 $30°\sim40°$。

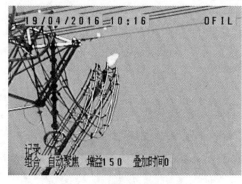

图 8-23 紫外成像仪检测情况

图 8-24 跳线放电变黑情况

(2)增大跳线直径,减少钢管转接处的场强,从而减弱电晕放电效果。将跳线由 JL/G 1A—500/45 钢芯铝绞线换为 JL/G 1A—630/45 钢芯铝绞线。

基础滑坡:案例 9 ±800kV ××线基础附近土体滑坡

(一)缺陷描述

某月某日凌晨起,某地地区普降暴雨,局部地区遭遇 50 年一遇大暴雨,平均降雨量达 134mm。下午,降雨强度减为中雨,巡检人员开展地质灾害隐患排查特巡。17 时 32 分,巡线人员发现 ±800kV ××线××号塔基础附近土体出现大面积滑坡。滑坡从 1 号基础立柱边缘开始,经过 4# 腿向山下滑移,最宽处 30m,最大垂直高差 154m。

现场情况如图 8-25 所示。

(二)原因分析

遭遇 50 年一遇大暴雨,造成山体土层含水量过饱和,导致原山体表面的不连续裂缝逐步延伸、扩大,××号塔基础 1 号、4 号腿地处陡坡、土体较厚,遇雨水渗透后发生大面积表层土体滑坡。

图 8-25 ±800kV ××线××号塔基础
附近土体出现大面积滑坡

(三)采取措施

(1)采取混凝土栅格型式开展整治工作;

(2)对该塔加强巡视观测,重点观测铁塔倾斜度、基础位移、雨水情况等。